汽车类职业技能鉴定应试宝典系列教程

# 汽车修理工（高级）

杨华春　主编

机械工业出版社

本书根据《汽车修理工（高级）考试大纲》所规定的考点编写，涵盖了等级考试全部知识点，内容包括职业道德、汽车修理基础、汽车电源系统、汽车起动系统、汽车照明信号系统、汽车辅助系统、汽车电控发动机系统、汽车底盘系统、模拟考试等。

书中不但有各知识点的讲解，还有选择题、判断题以及模拟试卷供考生练习。本书可供职业院校汽车相关专业学生作为考试辅导用书使用。

**图书在版编目（CIP）数据**

汽车修理工：高级/杨华春主编. —北京：机械工业出版社，2017.7（2025.4重印）
汽车类职业技能鉴定应试宝典系列教程
ISBN 978-7-111-57201-5

Ⅰ.①汽⋯　Ⅱ.①杨⋯　Ⅲ.①汽车 - 车辆修理 - 职业技能 - 鉴定 - 教材
Ⅳ.①U472.4

中国版本图书馆 CIP 数据核字（2017）第 146475 号

机械工业出版社（北京市百万庄大街 22 号　邮政编码 100037）
策划编辑：杜凡如　连景岩　责任编辑：杜凡如　谢　元
责任校对：王　延　　　　　封面设计：马精明
责任印制：单爱军
北京虎彩文化传播有限公司印刷
2025 年 4 月第 1 版第 7 次印刷
184mm×260mm·8 印张·186 千字
标准书号：ISBN 978-7-111-57201-5
定价：25.00 元

凡购本书，如有缺页、倒页、脱页，由本社发行部调换
电话服务　　　　　　　　　　　网络服务
服务咨询热线：010-88361066　　机 工 官 网：www.cmpbook.com
读者购书热线：010-68326294　　机 工 官 博：weibo.com/cmp1952
　　　　　　　010-88379203　　金 书 网：www.golden-book.com
**封面无防伪标均为盗版**　　　　教育服务网：www.cmpedu.com

# 本书编写人员

主　编　杨华春

副主编　杨伟才　杨华光　黄钊倬

参　编（按姓氏笔画排列）

郑　勇　钟国政　盘亮星　梁　刚　蔡一凡

蔡奕斌　谭海阔

# 前　言

　　广州市职业技能鉴定指导中心自2009年开始，实施汽车修理工（中级、高级）无纸化考试，于2014年在无纸化考试的基础上，统一使用国家职业技能鉴定题库。为了提高学员的通过率，通过多方面收集和整理，编撰了笔者学校使用的校本教材，在近两年的考试里，本校学生理论部分的一次通过率达到98％。

　　本书根据国家职业技能鉴定标准，以校本教材为蓝本，同时通过多种不同的渠道收集各种汽车修理的相关资料，经过精心整理后编撰而成。全书共分为九部分，内容包括职业道德、汽车修理基础、汽车电源系统、汽车起动系统、汽车照明信号系统、汽车辅助系统、汽车电控发动机系统、汽车底盘系统、模拟考试等。

　　因专业水平有限，书中必有不足之处，欢迎各位同行专家及广大读者指正。

杨华春

# 目　录

# 汽车修理工（高级）考试大纲

| 职业功能 | 工作内容 | 技能要求 | 相关知识 |
|---|---|---|---|
| 一、汽车大修 | （一）编制汽车各总成主要零部件的修理工艺卡 | 能编制曲轴、气缸体、变速器壳体、差速器壳体等零件的修理工艺卡 | 1. 汽车各总成主要零部件的技术标准<br>2. 金属材料与热处理工艺知识<br>3. 机械制图<br>4. 公差配合与技术测量 |
| | （二）主持汽车整车或总成的大修 | 能主持汽车发动机、底盘及整车的大修作业 | 汽车典型零部件的修复方法 |
| 二、汽车大修验收 | （一）接车验收 | 能使用仪器、仪表对送修车辆的技术状况进行检测，确定维修项目 | 车辆和总成的送修标准 |
| | （二）过程验收 | 1. 能使用量具、仪器、仪表检测已修复的零件<br>2. 能按工艺规程监控维护质量 | 汽车零部件修理的技术标准 |
| | （三）竣工验收 | 能根据竣工验收标准，使用仪器、仪表检测修竣车辆的质量 | 车辆和总成大修竣工验收技术标准 |
| 三、解决汽车疑难故障 | （一）诊断发动机疑难故障 | 1. 能用仪器检测、分析油耗超标等故障<br>2. 能用仪器检测、分析气缸异常磨损等故障<br>3. 能用仪器检测、分析排放超标等故障 | 1. 车辆技术性能的检测标准<br>2. 营运车辆技术管理规定<br>3. 发动机理论（发动机的工作循环、性能指标与特性）知识<br>4. 汽车理论（汽车的动力性、经济性、制动性、行驶稳定性、平顺性与通过性）<br>5. 汽车综合性能检测线的组成、设备、检测项目及检测设备的标定、使用<br>6. 电工学与电子学知识<br>7. 传感器、执行元件的构造、性能与工作原理<br>8. 故障码阅读仪（解码器）、示波器、专用检测仪的分类、组成、原理、使用与调整方法 |
| | （二）诊断底盘疑难故障 | 1. 能用仪器检测、分析车轮异常磨损和摆振<br>2. 能用仪器检测、分析汽车驱动桥异响<br>3. 能用仪器检测、分析自动变速器打滑等故障<br>4. 能用仪器检测、分析汽车制动防抱死装置失效 | |
| 四、培训指导工作 | （一）指导初、中级工技能操作 | 能够指导初、中级工完成汽车、总成的大修，排除常见故障 | 1. 汽车的新技术、新工艺、新材料知识<br>2. 全面质量管理知识 |
| | （二）安全、技术培训 | 能对初、中级工进行安全、技术培训 | |

# 一、职业道德

## （一）职业道德知识

爱岗敬业，诚实守信，办事公道，服务群众，奉献社会，素质修养。

### 1. 标准条件

（1）职业道德

良好的职业修养是每一个优秀员工必备的素质，良好的职业道德是每一个员工都必须具备的基本品质，这两点是企业对员工最基本的规范和要求，同时也是每个员工担负起自己的工作责任所必备的素质。

第一，早到公司。每天提前到公司，可以在上班之前准备好完成工作所必需的工作条件，调整好自己的工作状态，保证准时开始一天的工作。

第二，搞好清洁卫生。做好清洁卫生，可以保证一天整洁有序的工作环境，同时也利于保持良好的工作心情。

第三，工作计划。提前做好工作计划有利于有条不紊地开展每天、每周等每一个周期的工作，自然也有利于保证工作的质和量。

第四，开会记录。及时记录必要的工作信息，有助于准确地记载各种有用的信息，有助于日常工作顺利开展。

第五，遵守工作纪律。工作纪律是为了保证正常工作秩序、维持必需的工作环境而制定的，不仅有利于工作效率的提升，也有利于工作能力的提高。

第六，工作总结。及时总结每天、每周等阶段性工作中的得与失，可以及时调整自己的工作习惯，总结工作经验，不断提高工作技能。

第七，向上级汇报工作。及时地向上级请示、汇报工作，不仅有利于工作任务的完成，也可以在上级的指示中学习到更多工作经验和技能，让自己得到提升。

职业习惯是一个职场人士根据工作需要，为了很好地完成工作任务主动或被动地在工作过程中养成的工作习惯，也是保证工作任务和工作质量必须具备的品质。良好的职业习惯，是出色地完成工作任务的必要前提，如果不具备良好的职业习惯，就不能按照要求完成自己的工作，所以每个人都需要一个良好的职业习惯。

（2）职业道德的含义

职业道德包括以下8个方面：

1）职业道德是一种职业规范，受到社会普遍的认可。

2）职业道德是长期以来自然形成的。

3）职业道德没有确定的形式，通常体现为观念、习惯、信念等。

4）职业道德依靠文化、内心信念和习惯，通过员工的自律实现。

5）职业道德大多没有实质的约束力和强制力。

6）职业道德的主要内容是对员工义务的要求。

7）职业道德标准多元化，代表了不同企业可能具有不同的价值观。

8）职业道德承载着企业文化和凝聚力，影响深远。

（3）对待工作

我的工作，我的至爱（热爱本职工作）。

无以规矩，不成方圆（遵守规章制度）。

自洁自律，廉洁奉公（注重个人修养）。

1）不利用工作之便贪污受贿或谋取私利。

2）不索要小费，不暗示，不接受客人赠送的物品。

3）自觉抵制各种精神污染。

4）不议论客人和同事的私事。

5）不带个人情绪上班。

（4）对待集体

集体利益高于一切（集体主义是职业道德的基本原则，员工必须以集体主义为根本原则，正确处理个人利益、他人利益、班组利益、部门利益和公司利益的相互关系）。

组织纪律观，时刻在心间。

团结协作，友爱互助，爱护公共财产，做一名主人翁。

（5）对待客人

全心全意为客人服务。

没有错的客人，只有不对的服务。

来的都是上帝。

客人的投诉是对我们最大的支持。

**2. 基本要求**

概括而言，职业道德主要应包括以下4个方面的内容：忠于职守，乐于奉献；实事求是，不弄虚作假；依法行事，严守秘密；公正透明，服务社会。

（1）忠于职守，乐于奉献

忠职敬业是从业人员应该具备的一种崇高精神，是做到求真务实、优质服务、勤奋奉献的前提和基础。从业人员，首先要安心工作、热爱工作、献身所从事的行业，把自己远大的理想和追求落到工作实处，在平凡的工作岗位上做出非凡的贡献。从业人员有了忠职敬业的精神，才能在实际工作中积极进取、忘我工作，把好工作质量关。对工作应认真负责，以把工作中所获得的成果作为自己的天职和莫大的荣幸，同时应认真分析工作中的不足并不断积累经验。

乐于奉献是对从业人员职业道德的内在要求。大部分职业没有名利可图，如果没有无私奉献的道德品质，缺乏"不唯上、不唯书、只为实"的求实精神，将很难出色地完成任务。为此，我们要求广大从业人员要有高度的责任感和使命感，热爱工作，献身事业，树立崇高的职业荣誉感。要克服任务繁重、条件艰苦、生活清苦等困难，勤勤恳恳，任劳任怨，甘于寂寞，乐于奉献。要适应新形势的变化，刻苦钻研。加强个人的道德修养，处理好个人、集体、国家三者之间的关系，树立正确的世界观、人生观和价值观；把继承中华民族传统美德与弘扬时代精神结合起来，坚持解放思想、实事求是，与时俱进、勇于创新，淡泊名利、无私奉献。

（2）实事求是，不弄虚作假

实事求是也是一个道德问题，而且是职业道德的核心。为此，我们必须办实事，求实效，坚决反对并制止在工作方面弄虚作假。这就需要有无私的职业良心、无私无畏的职业作风与职业态度。如果夹杂着私心杂念，为了满足自己的私利或迎合某些人的私欲需要，弄虚作假、虚报浮夸就在所难免，就会背离实事求是这一最基本的职业道德。

职业道德尤其对为人师表的教育工作者非常重要。根据中组部、中宣部、教育部联合印发的《关于加强和改进高校青年教师思想政治工作的若干意见》，我国将把师德表现作为教师年度考核、岗位聘任（聘用）、职称评审、评优奖励的首要标准，建立健全青年教师师德考核档案，实行师德"一票否决制"。

作为一名从业者，必须有对国家、对人民高度负责的精神，把实事求是作为履行责任和义务最基本的道德要求，坚持不唯书，不唯上，只唯实。从业人员要特别注意调查研究，经过去粗取精、去伪存真、由表及里、由此及彼的分析，按照事物本来面貌如实反映，有一说一，有二说二，有喜报喜，有忧报忧，不随波逐流，不看眼色行事。

（3）依法行事，严守秘密

坚持依法行事和以德行事"两手抓"。一方面，要抓住大力推进国家法治建设的有利时机，进一步加大执法力度，严厉打击各种违法乱纪的现象，依靠法律的强制力量消除腐败滋生的土壤。另一方面，要通过劝导和教育，启迪人们的良知，提高人们的道德自觉性，把职业道德渗透到工作的各个环节，融入工作的全过程，增强人们的道德意识，从根本上消除腐败现象。

严守秘密是职业道德必需的重要准则，必须保守国家、企业和个人的秘密。

（4）公正透明，服务社会

优质服务是职业道德所追求的最终目标，也是职业生命力的延伸。

**3. 特点**

1）职业道德具有适用范围的有限性。

每种职业都担负着一种特定的职业责任和职业义务。由于各种职业的职业责任和义务不同，从而形成各自特定的职业道德的具体规范。

2）职业道德具有发展的历史继承性。

由于职业具有不断发展和世代延续的特征，不仅其技术世代延续，其管理员工的方法、与服务对象打交道的方法，也有一定的历史继承性。如"有教无类""学而不厌，诲人不倦"，从古至今始终是教师的职业道德。

3）职业道德表达形式多种多样。

由于各种职业道德的要求都较为具体、细致，其表达形式多种多样。

4）职业道德兼有强烈的纪律性。

纪律也是一种行为规范，但它是介于法律和道德之间的一种特殊的规范。它既要求人们能自觉遵守，又带有一定的强制性。就前者而言，它具有道德色彩；就后者而言，又带有一定的法律色彩。就是说，一方面遵守纪律是一种美德；另一方面，遵守纪律又带有强制性，具有法令的要求。例如，工人必须执行操作规程和安全规定；军人要有严明的纪律等。因此，职业道德有时又以制度、章程、条例的形式表达，让从业人员认识到职业道德又具有纪律的规范性。

**4. 作用**

职业道德是社会道德体系的重要组成部分，它一方面具有社会道德的一般作用，另一方面又具有自身的特殊作用，具体表现在：

1）调节职业交往中从业人员内部以及从业人员与服务对象间的关系。

职业道德的基本职能是调节职能。它一方面可以调节从业人员内部的关系，即运用职业道德规范约束职业内部人员的行为，促进职业内部人员的团结与合作。如职业道德规范要求各行各业的从业人员，都要团结、互助、爱岗、敬业、齐心协力地为发展本行业、本职业服务。另一方面，职业道德又可以调节从业人员和服务对象之间的关系。如职业道德规定了制造产品的工人要怎样对用户负责；营销人员怎样对顾客负责；医生怎样对病人负责；教师怎样对学生负责等。

2）有助于维护和提高本行业的信誉。

一个行业、一个企业的信誉，也就是它们的形象、信用和声誉，是指企业及其产品与服务在社会公众中的信任程度，提高企业的信誉主要靠产品的质量和服务质量，而从业人员职业道德水平高是产品质量和服务质量的有效保证。若从业人员职业道德水平不高，很难生产出优质的产品和提供优质的服务。

3）促进本行业的发展。

行业、企业的发展有赖于高的经济效益，而高的经济效益源于高的员工素质。员工素质主要包含知识、能力、责任心三个方面，其中责任心是最重要的。而职业道德水平高的从业人员其责任心是极强的，因此，职业道德能促进本行业的发展。

4）有助于提高全社会的道德水平。

职业道德是整个社会道德的主要内容。职业道德一方面涉及每个从业者如何对待职业，如何对待工作，同时也是一个从业人员的生活态度、价值观念的表现；是一个人的道德意识、道德行为发展的成熟阶段，具有较强的稳定性和连续性。另一方面，职业道德也是一个职业集体，甚至一个行业全体人员的行为表现，如果每个行业，每个职业集体都具备优良的道德，有助于整个社会道德水平的提高。

**5. 特征**

（1）职业性

职业道德的内容与职业实践活动紧密相连，反映着特定职业活动对从业人员行为的道德要求。每一种职业道德都只能规范本行业从业人员的职业行为，并在特定的职业范围内发挥作用。

（2）实践性

职业行为过程，就是职业实践过程，只有在实践过程中，才能体现出职业道德的水准。职业道德的作用是调整职业关系，对从业人员职业活动的具体行为进行规范，解决现实生活中的具体道德冲突。

（3）继承性

在长期实践过程中形成的，会被作为经验和传统继承下来。即使在不同的社会经济发展阶段，同样一种职业因服务对象、服务手段、职业利益、职业责任和义务相对稳定，职业行为道德要求的核心内容将被继承和发扬，从而形成了被不同社会发展阶段普遍认同的职业道德规范。

（4）多样性

不同的行业和不同的职业，有不同的职业道德标准。

## （二）单选题

1. （　　）标准多元化，代表了不同企业可能具有不同的价值观。
   A. 职业守则　　　　B. 人生观　　　　　C. 职业道德　　　　D. 多样性
2. （　　）的基本职能是调节职能。
   A. 职业道德　　　　B. 社会责任　　　　C. 社会意识　　　　D. 社会公德
3. （　　）含义包括集体意识和合作能力两个方面。
   A. 集体力量　　　　B. 行为规定　　　　C. 团队意识　　　　D. 规范意识
4. （　　）可以调节从业人员内部的关系。
   A. 社会责任　　　　B. 社会公德　　　　C. 社会意识　　　　D. 职业道德
5. （　　）是社会主义道德建设的核心。
   A. 为社会服务　　　B. 为行业服务　　　C. 为企业服务　　　D. 为人民服务
6. （　　）是社会主义职业道德的灵魂。
   A. 为社会服务　　　B. 为行业服务　　　C. 为企业服务　　　D. 为人民服务
7. 纪律也是一种行为规范，但它是介于法律和（　　）之间的一种特殊的规范。
   A. 法规　　　　　　B. 道德　　　　　　C. 制度　　　　　　D. 规范
8. 劳动纠纷是指劳动关系双方当事人在执行（　　）、法规或履行劳动合同的过程中持不同的主张和要求而产生的争执。
   A. 合同法　　　　　B. 劳动法律　　　　C. 个人权利　　　　D. 法规
9. 劳动纠纷是指劳动关系双方当事人在执行劳动法律、法规或履行（　　）的过程中持不同的主张和要求而产生的争执。
   A. 合同法　　　　　B. 宪法　　　　　　C. 个人权利　　　　D. 劳动合同
10. 劳动权主要体现为平等（　　）和选择职业权。
    A. 基本要求　　　　B. 劳动权　　　　　C. 就业权　　　　　D. 实话实说
11. 劳动权主要体现为平等就业权和选择（　　）。
    A. 职业权　　　　　B. 劳动权　　　　　C. 诚实守信　　　　D. 实话实说
12. 平等就业是指在劳动就业中实行（　　）、民族平等的原则。
    A. 个人平等　　　　B. 单位平等　　　　C. 权利平等　　　　D. 男女平等
13. 平等就业是指在劳动就业中实行男女平等、（　　）的原则。
    A. 民族平等　　　　B. 单位平等　　　　C. 权利平等　　　　D. 单位平等
14. 全心全意为人民服务是社会主义职业道德的（　　）。
    A. 前提　　　　　　B. 关键　　　　　　C. 核心　　　　　　D. 基础
15. 所谓职业道德评价，就是根据一定（　　）或阶级的道德原则或规范，对他人或自己的行为进行善恶判断，表明褒贬态度。

A. 职业守则　　　　　B. 社会　　　　　　　C. 从业人员　　　　　D. 道德品质

16. 团队意识含义包括：（　　）和合作能力两个方面。

A. 集体力量　　　　　B. 行为规定　　　　　C. 集体意识　　　　　D. 规范意识

17. 由于各种职业的职业责任和义务不同，从而形成各自特定的（　　）的具体规范。

A. 制度规范　　　　　B. 法律法规　　　　　C. 职业道德　　　　　D. 行业标准

18. 职业道德标准（　　），代表了不同企业可能具有不同的价值观。

A. 多元化　　　　　　B. 人生观　　　　　　C. 职业道德　　　　　D. 多样性

19. 职业道德承载着企业（　　），影响深远。

A. 文化　　　　　　　B. 制度　　　　　　　C. 信念　　　　　　　D. 规划

20. 职业道德是（　　）体系的重要组成部分。

A. 社会责任　　　　　B. 社会意识　　　　　C. 社会道德　　　　　D. 社会公德

21. 职业道德是同人们的职业活动紧密联系的符合（　　）所要求的道德准则、道德情操与道德品质的总和。

A. 职业守则　　　　　B. 职业特点　　　　　C. 人生观　　　　　　D. 多元化

22. 职业道德是同人们的职业活动紧密联系的符合职业特点所要求的道德准则、道德情操与（　　）的总和。

A. 职业守则　　　　　B. 多元化　　　　　　C. 人生观　　　　　　D. 道德品质

23. 职业道德是一种（　　）规范，受社会普遍的认可。

A. 行业　　　　　　　B. 职业　　　　　　　C. 社会　　　　　　　D. 国家

24. 职业道德调节职业交往中从业人员内部以及与（　　）服务对象间的关系。

A. 从业人员　　　　　B. 职业守则　　　　　C. 道德品质　　　　　D. 个人信誉

25. 职业是指（　　）。

A. 人们所做的工作　　　　　　　　　　　B. 能谋生的工作

C. 收入稳定的工作　　　　　　　　　　　D. 人们从事的比较稳定的有合法收入的工作

26. 职业素质是（　　）对社会职业了解与适应能力的一种综合体现，其主要表现在职业兴趣、职业能力、职业个性及职业情况等方面。

A. 消费者　　　　　　B. 生产者　　　　　　C. 劳动者　　　　　　D. 个人

27. 职业素质是劳动者对（　　）了解与适应能力的一种综合体现，其主要表现在职业兴趣、职业能力、职业个性及职业情况等方面。

A. 消费者　　　　　　B. 社会职业　　　　　C. 生产者　　　　　　D. 个人

28. 职业意识是指（　　）。

A. 人们对职业的认识　　　　　　　　　　B. 人们对理想职业的认识

C. 人们对求职择业和职业劳动的各种认识的总和

D. 人们对各行业的评价

29. 职业意识是指人们对职业岗位的评价、（　　）和态度等心理成分的总和，其核心是爱岗敬业精神，在本职岗位上能够踏踏实实地做好工作。

A. 接受　　　　　　　B. 态度　　　　　　　C. 情感　　　　　　　D. 许可

30. 中国共产党领导的多党合作和政治协商制度是中华人民共和国的一项（　　），是具有中国特色的政党制度。

A. 基本制度             B. 政治制度

C. 社会主义制度       D. 基本的政治制度

## （三）判断题

（　　）1. 《合同法》规定，当事人订立合同，应当具有相应的民事权利能力和民事义务能力。

（　　）2. 爱岗敬业是为人民服务和从业人员精神的具体体现，是社会主义职业道德一切基本规范的基础。

（　　）3. 合同也称契约，是指平等主体的自然人、法人、其他组织之间设立、变更、终止民事权利义务关系的协议。

（　　）4. 尽管公司的规章制度齐全，员工仍然需要严于律己。

（　　）5. 劳动纠纷是指劳动关系双方当事人在执行劳动法律、法规或履行劳动合同的过程中持不同的主张和要求而产生的争执。

（　　）6. 劳动纠纷是指劳动关系双方当事人在执行劳动法律、个人权利、法规或履行劳动合同的过程中持不同的主张和要求而产生的争执。

（　　）7. 平等就业是指在劳动就业中实行权利平等、民族平等的原则。

（　　）8. 汽车维修质量是维修企业的生命线。

（　　）9. 如果公司的规章制度齐全，员工不需要严于律己。

（　　）10. 团队意识含义包括规范意识和合作能力两个方面。

（　　）11. 团队意识含义包括集体意识和合作能力两个方面。

（　　）12. 职业道德标准多元化，代表了不同企业可能具有不同的价值观。

（　　）13. 职业道德的基本职能是调节职能。

（　　）14. 职业道德兼有强烈的纪律性。

（　　）15. 职业道德具有发展的历史继承性。

（　　）16. 职业道德评价具有维护职业道德原则和规范的作用，但不具有教育作用和调节作用。

（　　）17. 职业道德是同人们的职业活动紧密联系的符合职业特点所要求的道德准则、道德情操与道德品质的总和。

（　　）18. 职业道德是一种职业规范，受到社会普遍的认可。

（　　）19. 职业素质是劳动者对个人职业了解与适应能力的一种综合体现，其主要表现在职业兴趣、职业能力、职业个性及职业情况等方面。

（　　）20. 职业素质是劳动者对社会职业了解与适应能力的一种综合体现，其主要表现在职业兴趣、职业个性及职业情况等方面。

（　　）21. 职业意识是指人们对职业岗位的认同、表扬、情感和态度等心理成分的总和，其核心是爱岗敬业，在本职岗位上能够踏踏实实地做好工作。

# 二、汽车修理基础

## （一）汽车修理基础知识

### 1. 汽车维护的基本原则

1）严格执行技术工艺标准，加强技术检验，实现检测仪表化。

2）汽车的维护主要包括清洁、补给、检查、润滑、紧固和调整等。

3）汽车维护应严密作业组织，严格遵守操作规程，广泛应用新技术、新材料、新工艺，及时修复或更换零部件，保证配合状态和延长使用寿命。

4）在汽车全部维护工作中，要加强科学管理，建立和健全维护的原始记录统计制度。

### 2. 汽车维护的分类

1）例行维护：例行维护的内容和时机与汽车行驶里程无关，如日常维护、停驶维护、换季维护和走合期维护等。

2）计划维护：计划维护的内容和时机与汽车行驶里程有关，如一级维护、二级维护等。在计划维护中，维护作业按计划强制执行的称为定期维护；如果维护作业是按定期检查的结果按需执行的称为按需维护。

### 3. 汽车维护的作业内容

安全事项：不要在通风不良的车库或室内试运转发动机。不要在汽油等易燃物质附近吸烟，以防发生火灾。在清洗蓄电池时要戴护目镜。维修工具应放在固定地方。

日常维护是各级维护的基础，是属于预防性的作业。其作业内容是清洁、补给和安全检查，及时发现和排除运行中的故障，确保每日的正常运行。

（1）一级维护

一级维护是由专业人员负责执行的，其中心内容除日常维护作业外，以清洁、润滑、紧固为主，并检查有关制动、操纵等安全部件。一般要求汽车在行驶 2000～3000km 后进行。

（2）二级维护

二级维护除一级维护作业外，以调整和检查为中心内容，由专业维修人员负责执行。间隔里程一般是一级维护间隔里程的 4～5 倍。

（3）走合期维护

汽车在新车出厂或大修（包括发动机大修）后，初期行驶一定里程（一般 1000～1500km）称为走合期。在这段时间内的维护，称为走合期维护。

### 4. 汽车修理的分类

1）汽车修理分类：汽车大修、总成大修、汽车小修、零件修理。

2）汽车零件的损伤：零件磨损（粘着磨损、磨料磨损、表面疲劳磨损、腐蚀磨损）；

零件疲劳（零件的疲劳是零件在长时间内由于交变载荷的作用，产生断裂的现象，金属零件疲劳损坏（实质上是一个累积损伤过程）；零件变形（零件变形是汽车零件在使用过程中，零件要素中的形状和位置要素发生变化的现象）；零件腐蚀（化学腐蚀、电化学腐蚀）；零件老化（汽车上具有典型老化过程的零件是橡胶零件和塑料密封件）。

**5. 汽车零件的分类**

根据零件技术状况不同，可将汽车零件划分为：

（1）可用零件

可用零件是指虽有一定的损伤，但其尺寸、形状和位置误差均在允许范围内，符合大修技术标准，仍可以继续使用的零件。

（2）待修零件

待修零件是指损伤已超出允许范围，不符合大修技术标准，经过修复可以继续使用的零件。

（3）报废零件

报废零件是指损伤已超出允许范围，不符合大修技术标准，经过修复也不能继续使用的零件。

零件外观检验是不用量具、仪器，仅凭检验人员的感官感觉和经验来鉴别零件的技术状况的方法。

零件外观的检验具有方法简便、精度不高、不能进行定量检验等特点，适用于分辨缺陷明显或精度不高的零件。外观检验包括破裂、划痕、锈蚀等。

**6. 汽车零件的检验**

（1）圆度与圆柱度检验

1）圆度误差值：以同一横截面上测得的最大与最小直径差的一半作为圆度误差值。

2）圆柱度误差值：圆柱度误差的测量，在汽车维修中常以沿轴线长度上任意方位和任意截面测得的最大与最小直径差的一半作为圆柱度误差值。

（2）轴线直线度检验

轴线的直线度是指轴线中心要素的形状误差。

在实际的检测中，轴线的直线度误差常用简单的径向圆跳动来代替，这样获得的检测结果是近似的，但是在汽车维修检测中，能够满足技术要求的精确度。直线度的检测多用于轴类零件或孔类零件的检测，特别是在工作时受力易于产生弯曲变形的零件上。

（3）零件隐伤的检验

1）磁力探伤：磁力探伤适用于铁磁材料隐伤的检验，在零件表面撒以磁性铁粉，铁粉便被磁化并吸附在零件表面，从而显现出裂纹的形状和大小。

2）渗透探伤：用于非磁性材料零件的开口缺陷的检验。将清洗过的零件浸泡在具有高度渗透能力的渗透剂中，然后用温水将表面多余的渗透剂冲刷并烘干，再均匀涂上一层显像剂。在显像剂的毛细作用下，残余在缺陷中的渗透剂被吸附到表面上来，从而显示出缺陷。

3）水压试验：发动机缸体、缸盖和散热器等零件上裂纹的检验，通常采用水压试验的方法进行。

## （二）单选题

1. （　　）是每个员工的基本职业素质体现。

A. 放纵他人　　　　B. 严于同事　　　　C. 放纵自己　　　　D. 严于律己

2. （　　）与血红蛋白结合，造成血液输氧能力下降，导致人体缺氧。

A. CO　　　　B. HC　　　　C. 氮氧化物　　　　D. 固体颗粒

3. GST－3U 型万能试验台，主轴转速为（　　）。

A. 800r/min　　　　B. 1000r/min　　　　C. 3000r/min　　　　D. 200～2500r/min

4. 材料疲劳破坏是在（　　）载荷作用下产生的。

A. 交变　　　　B. 大　　　　C. 轻　　　　D. 冲击

5. 常用的台虎钳有（　　）和固定式两种。

A. 齿轮式　　　　B. 回转式　　　　C. 蜗杆式　　　　D. 齿条式

6. 单相直流稳压电源由电源变压器、整流、滤波、（　　）组成。

A. 电源　　　　B. 稳压电路　　　　C. 电网　　　　D. 硅整流元件

7. 单相直流稳压电源由滤波、（　　）、整流和稳压电路组成。

A. 整流　　　　B. 电网　　　　C. 电源　　　　D. 电源变压器

8. 当加在硅二极管两端的正向电压从0V 开始逐渐增大时，硅二极管（　　）。

A. 立即导通　　　　　　　　　　　　B. 到 0.3V 时才开始导通

C. 超过死区电压时才开始导通　　　　D. 不导通

9. 黄铜的主要用途是用来制作（　　）、冷凝器、散热片及导电、冷冲压、冷挤压零件等部件。

A. 导管　　　　B. 密封垫　　　　C. 活塞　　　　D. 空调管

10. 黄铜的主要用途是用来制作导管、（　　）、散热片及冷凝器、冷冲压、冷挤压零件等部件。

A. 活塞　　　　B. 导电　　　　C. 密封垫　　　　D. 空调管

11. 开关控制的普通方向控制阀包括（　　）和换向阀两类。

A. 单向阀　　　　B. 双向阀　　　　C. 溢流阀　　　　D. 减压阀

12. 开关控制的普通方向控制阀包括（　　）两类。

A. 单向阀和换向阀　　　　　　　　B. 双向阀和换向阀

C. 溢流阀和减压阀　　　　　　　　D. 减压阀和单向阀

13. 开关控制的普通方向控制阀包括单向阀和（　　）两类。

A. 双向阀　　　　B. 换向阀　　　　C. 溢流阀　　　　D. 减压阀

14. 控制阀用来控制或调节液压系统中液流的流动方向、压力和流量，从而控制执行元件的运动方向、推力、（　　）动作顺序以及限制和调节液压系统的工作压力等。

A. 动力　　　　B. 运动速度　　　　C. 速度　　　　D. 阻力

15. 利用量缸表可以测量发动机气缸、曲轴轴承的圆度和圆柱度，其测量精度为（　　）。

A. 0.05mm　　　　B. 0.02mm　　　　C. 0.01mm　　　　D. 0.005mm

16. 零件图的标题栏应包括零件的名称、材料、数量、图号和（　　）等内容。

A. 比例　　　　　　B. 公差　　　　　　C. 热处理　　　　　　D. 表面粗糙度

17. 零件图的技术要求包括表面粗糙度、形状和位置公差、公差和配合、（　　　）或表面处理等。

A. 材料　　　　　　B. 数量　　　　　　C. 比例　　　　　　D. 热处理

18. 汽车基本上由（　　　）四大部分组成。

A. 发动机、变速器、底盘、车身

B. 离合器、底盘、车身、电气设备

C. 发动机、离合器、变速器、车身

D. 发动机、底盘、车身、电气设备

19. 全面质量管理概念最早是由（　　　）质量管理专家提出的。

A. 加拿大　　　　　B. 英国　　　　　　C. 法国　　　　　　D. 美国

20. 润滑脂的使用性能主要有（　　　）、低温性能、高温性能和抗水性等。

A. 油脂　　　　　　B. 中温　　　　　　C. 高温　　　　　　D. 稠度

21. 润滑脂的使用性能主要有稠度、低温性能、高温性能和（　　　）等。

A. 抗水性　　　　　B. 中温　　　　　　C. 高温　　　　　　D. 油脂

22. 晶体管的（　　　）作用是晶体管基本的最重要的特性。

A. 电流放大　　　　B. 电压放大　　　　C. 功率放大　　　　D. 单向导电

23. 三桥式整流电路由（　　　）、六个二极管和负载组成。

A. 晶体管　　　　　B. 电阻　　　　　　C. 电容　　　　　　D. 三相绕组

24. 三桥式整流电路由三相绕组、六个二极管和（　　　）组成。

A. 晶体管　　　　　B. 电阻　　　　　　C. 电容　　　　　　D. 负载

25. 下列不属于汽车维修质量管理方法的是（　　　）。

A. 制订计划　　　　　　　　　　　　B. 建立质量分析制度

C. 预测汽车故障　　　　　　　　　　D. 制订提高维修质量措施

26. 液压阀是液压系统中的（　　　）。

A. 控制元件　　　　B. 执行元件　　　　C. 动力元件　　　　D. 辅助元件

27. 用游标卡尺测量工件，读数时先读出游标零刻线对（　　　）刻线左边格数为多少毫米，再加上尺身上的读数。

A. 尺身　　　　　　B. 游标　　　　　　C. 活动套筒　　　　D. 固定套筒

28. 游标卡尺测量工件某部位外径时，卡尺与工件应垂直，记下（　　　）。

A. 最小尺寸　　　　B. 平均尺寸　　　　C. 最大尺寸　　　　D. 任意尺寸

29. 正弦交流电的三要素是（　　　）、角频率和初相位。

A. 最小值　　　　　B. 平均值　　　　　C. 最大值　　　　　D. 代数值

30. 正弦交流电的三要素是最大值、（　　　）和初相位。

A. 角速度　　　　　B. 角周期　　　　　C. 角相位　　　　　D. 角频率

31. 正弦交流电是指电流的大小和方向按（　　　）规律变化的交流电。

A. 正弦　　　　　　B. 余弦　　　　　　C. 直线　　　　　　D. 正切

32. 质量意识是以质量为（　　　），自觉保证工作质量的意识。

A. 核心内容　　　　B. 个人利益　　　　C. 集体利益　　　　D. 技术核心

33. 质量意识是以质量为核心内容，自觉保证（　　）的意识。

A. 工作内容　　　　B. 工作质量　　　　C. 集体利益　　　　D. 技术核心

## （三）判断题

（　　）1. 不分光红外线气体分析仪既能检测汽油机废气，也能检测柴油机废气。

（　　）2. 感抗反映了线圈对交流电的阻碍能力。

（　　）3. 工件旋转时，可以用千分尺测量尺寸大小。

（　　）4. 划线平板上允许锤敲各种物体，但要保持平板的清洁。

（　　）5. 黄铜的主要用途是用来制作导管、空调管、散热片及导电、冷冲压、冷挤压零件等部件。

（　　）6. 黄铜的主要用途是用来制作活塞、冷凝器、散热片及导电、冷冲压、冷挤压零件等部件。

（　　）7. 活塞环拆装钳是一种专门用于拆装活塞环的工具。

（　　）8. 接地耦合是指确认示波器显示的0V电压位置。

（　　）9. 举升器按控制方式可分为电动式、气动式、液压式、电动液压式和移动式。

（　　）10. 举升器按控制方式分为电动式、气动式两种。

（　　）11. 开关控制的普通方向控制阀包括方向阀和换向阀两类。

（　　）12. 零件图由一组图形、完整的尺寸、技术要求和标题栏四部分组成。

（　　）13. 汽车常用轴承分为滑动轴承和滚动轴承两类。

（　　）14. 全面质量管理概念最早是由法国质量管理专家提出的。

（　　）15. 全面质量管理概念最早是由美国质量管理专家提出的。

（　　）16. 容抗反映了电容对交流电的阻碍能力。

（　　）17. 润滑脂的使用性能主要有稠度、低温性能、高温性能和耐磨油脂等。

（　　）18. 示波器为电控发动机常用诊断的通用仪表。

（　　）19. 维修质量指标一般用合格率表示。

（　　）20. 游标卡尺内量爪测量外表面，外量爪测量内表面。

（　　）21. 在车下工作时，不要直接躺在地面上，应尽量使用卧板。

（　　）22. 质量意识是以质量为核心内容，自觉保证工作质量的意识。

（　　）23. 周期、频率和角频率都是描述正弦交流电变化快慢的物理量。

# 三、汽车电源系统

## （一）汽车电源系统知识

### 1. 蓄电池的作用

蓄电池是一种可逆的低压直流电源，它既能将化学能转化为电能，也能将电能转化为化学能。蓄电池在整车上的位置，如图 3-1 所示。

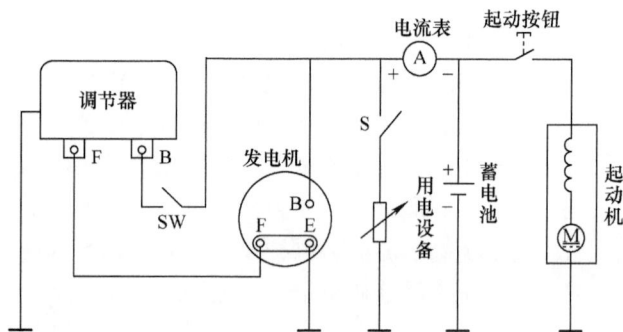

蓄电池可分为碱性蓄电池和酸性蓄电池两大类，其主要目的是起动发动机，汽车上一般采用铅酸蓄电池。

汽车上装有蓄电池与发电机两个直流电源，全车用电设备均与直流电源并联，电路如图3-2 所示。

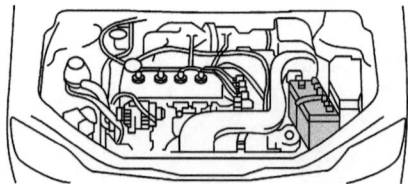

图 3-1　蓄电池在整车上的位置　　　　图 3-2　汽车并联电路

蓄电池的作用有：

1）发动机起动时，向起动机和点火系统供电。

2）发动机低速运转时，向用电设备和发电机磁场绕组供电。

3）发动机中、高速运转时，将发电机剩余电能转化为化学能储存起来。

4）发电机过载时，协助发电机向用电设备供电。

5）蓄电池相当于一个大的电容器，能吸收电路中出现的瞬时过电压，保护电子元件，保持汽车电气系统电压稳定。

### 2. 蓄电池的基本结构

铅酸蓄电池主要由正负极板、隔板、电解液、外壳、极柱及加液孔盖等部分组成（图3-3）。额定电压为 12V 的蓄电池由 6 个单格串联而成，每个单格的额定电压为 2V。

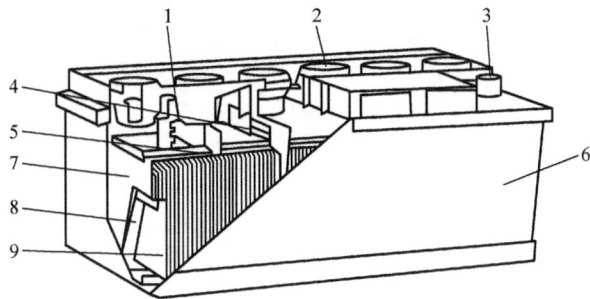

图 3-3　铅酸蓄电池结构

1—负极柱　2—加液孔盖　3—正极柱　4—穿壁连接　5—汇流条
6—外壳　7—负极板　8—隔板　9—正极板

**3. 蓄电池的工作原理**

蓄电池的充放电过程就是化学能与电能相互转化的过程：当蓄电池向外供电时，将化学能转化为电能；而当蓄电池与外部直流电源相连进行充电时，将电能转化为化学能。其电化学反应是可逆反应，可用如下总的反应方程式表示：

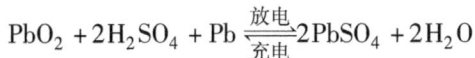

$$PbO_2 + 2H_2SO_4 + Pb \underset{充电}{\overset{放电}{\rightleftharpoons}} 2PbSO_4 + 2H_2O$$

**4. 蓄电池的维护**

1）保持蓄电池外表面清洁干燥，及时清除极柱和电缆卡子上的氧化物，并确定蓄电池极柱上的电缆连接牢固。

清洗蓄电池时，最好从车上拆下蓄电池，用苏打水溶液冲洗整个壳体（图 3-4a），然后用清水冲洗蓄电池并用纸巾擦干。对蓄电池托架，可先用腻子刀刮净厚的腐蚀物，然后用苏打水清洗托架（图 3-4b），之后用水冲洗并干燥。托架干燥后，涂上防腐漆。

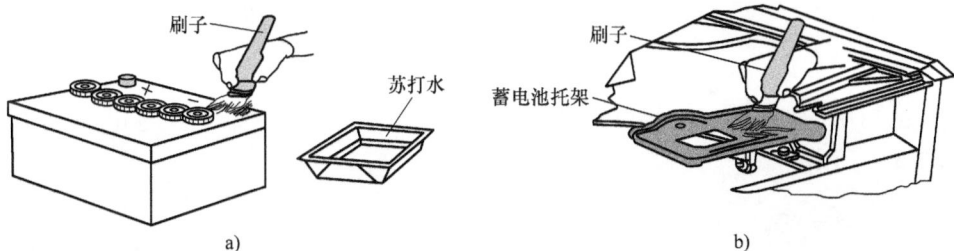

图 3-4　清洗蓄电池

对极柱和电缆卡子，可先用苏打水清洗，再用专用清洁工具进行清洁，如图 3-5 所示。清洗后，在电缆卡子上涂上凡士林或润滑油防止腐蚀。

**注意：**清洗蓄电池之前，要拧紧加液孔盖，防止苏打水进入蓄电池内部。

2）保持加液孔盖上通气孔的畅通，定期疏通。

3）定期检查并调整电解液液面高度，液面低时，应补加蒸馏水。

4）汽车每行驶 1000km 或夏季行驶 5～6 天，冬季行驶 10～15 天，应用密度计或高率放电计检查一次蓄电池的放电程度，当冬季放电超过 25%，夏季放电超过 50% 时，应及时将蓄电池从车上拆下进行补充充电。

5）根据季节和地区的变化及时调整电解液的密度。冬季电解液的密度一般应比夏季高 $0.02\sim0.04\text{g/mL}$。

6）冬季向蓄电池内补加蒸馏水时，必须在蓄电池充电前进行，以免水和电解液混合不均而引起结冰。

7）冬季蓄电池应经常保持在充足电的状态，以防电解液密度降低而结冰，引起外壳破裂、极板弯曲和活性物质脱落等故障。

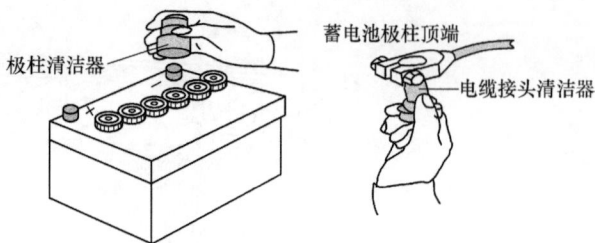

图 3-5　极柱和电缆卡子的清洁

**5. 交流发电机的结构**

汽车用硅整流交流发电机由三相同步发电机和硅二极管整流器两大部分组成。其工作过程是：交流发电机定子绕组中感应出交变电动势，再经硅二极管整流器整流，输出直流电。

交流发电机一般由转子、定子、整流器、前后端盖、风扇、带轮等组成。图 3-6 所示为普通交流发电机解体图。

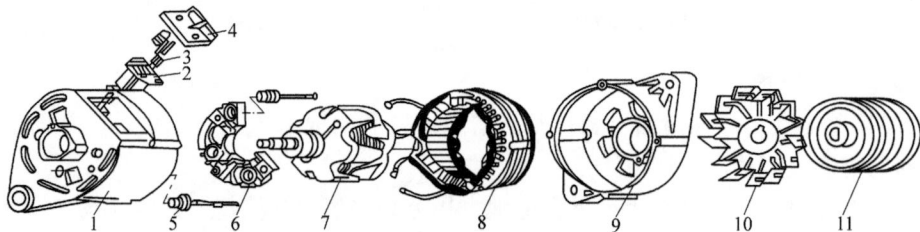

图 3-6　普通交流发电机解体图

1—后端盖　2—电刷架　3—电刷　4—电刷弹簧压盖　5—硅二极管　6—散热片
7—转子　8—定子　9—前端盖　10—风扇　11—带轮

（1）转子

转子的功用是产生旋转磁场。转子由爪极、转子铁心、励磁绕组、集电环、转子轴组成，如图 3-7 所示。

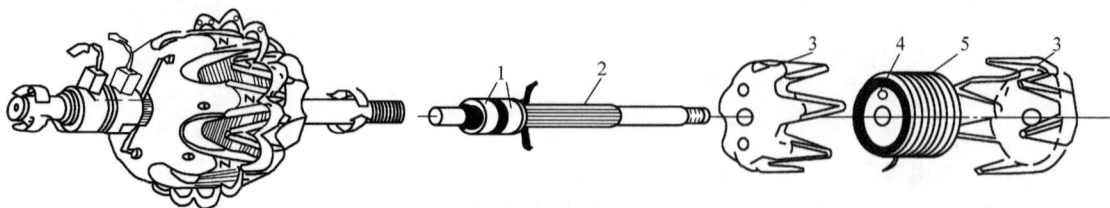

图 3-7　发电机转子的结构

1—集电环　2—转子轴　3—爪极　4—转子铁心　5—励磁绕组

（2）定子

定子的功用是产生交流电，如图 3-8 所示，由定子铁心和定子绕组两部分组成。

（3）整流器

整流器的功用是将三相绕组产生的交流电变为直流电，其整流二极管的特点是工作电流大、反向电压高。整流器由正、负整流板组成，如图3-9所示。

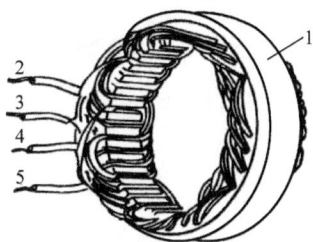

图3-8　发电机定子的结构
1—定子铁心　2、3、4、5—定子绕组引线端

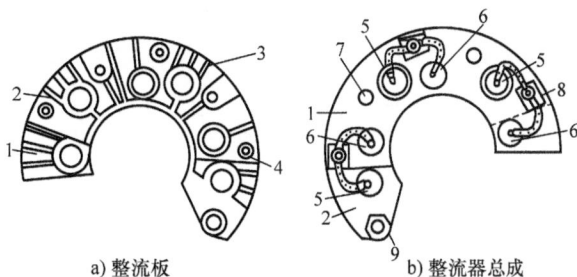

a) 整流板　　　　　　　b) 整流器总成

图3-9　交流发电机整流器总成
1—负整流板　2—正整流板　3—散热片　4—连接螺栓
5—正极管　6—负极管　7—安装孔
8—绝缘垫　9—电枢接柱安装孔

（4）端盖及电刷组件

端盖一般分为两部分（前端盖和后端盖），起到支撑转子、定子、整流器和电刷组件的作用。端盖一般用铝合金铸造，一是可有效地防止漏磁，二是铝合金散热性能好。后端盖上装有电刷组件。

电刷组件由电刷、电刷架和电刷弹簧组成，如图3-10所示。

电刷的作用是将电源通过集电环引入励磁绕组。两个电刷分别装在电刷架的孔内，借助弹簧压力与集电环保持接触。电刷一般与调节器装为一体。电刷和集电环应接触良好，否则会因为磁场电流过小，导致发电机发电不足。

**6. 交流发电机的工作原理**

（1）发电原理

发电机定子的三相绕组按一定规律分布在发电机的定子槽中，内部有一个转子，转子上安装着爪极和励磁绕组。

如图3-11所示，当外电路通过电刷使励磁绕组通电时，便产生磁场，使爪极被磁化为N极和S极。当转子旋转时，磁通交替地在定子绕组中变化，根据电磁感应原理可知，定子的三相绕组中便产生交变的感应电动势。这就是交流发电机的发电原理。

图3-10　交流发电机电刷组件

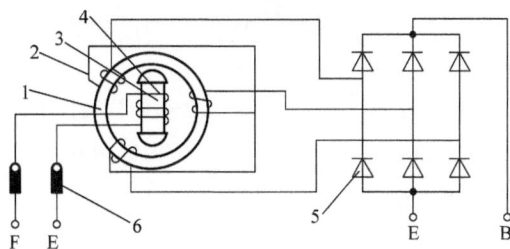

图3-11　交流发电机发电原理示意图
1—定子铁心　2—定子绕组　3—转子　4—励磁绕组
5—整流二极管　6—电刷

（2）整流原理

交流发电机定子的三相绕组中，感应产生的是交流电，是通过6个二极管组成的三相桥式整流电路整流为直流电的，整流电路如图3-12a所示。

二极管具有单向导通性，当给二极管加上正向电压时二极管导通，当给二极管加上反向电压时二极管截止。将定子的三相绕组和6个整流二极管按图3-12b的电路连接，发电机的输出端B、E上就输出一个脉动直流电压，如图3-12c所示，这就是发电机的整流原理。

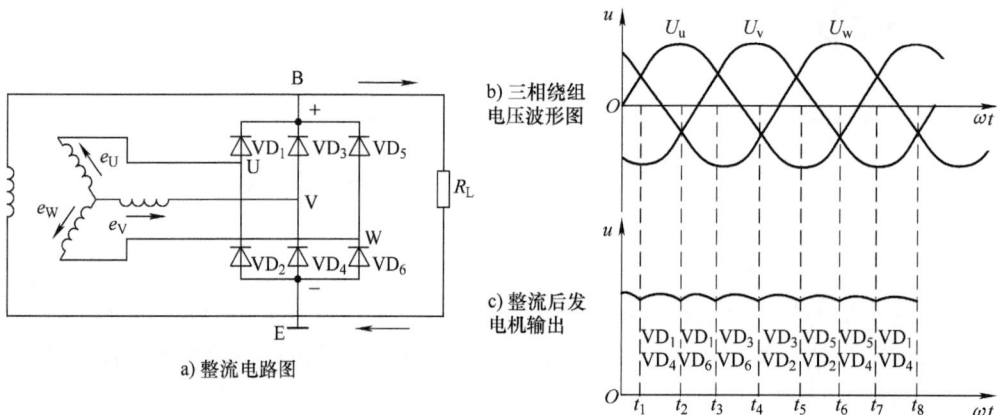

图3-12　交流发电机整流原理

三相桥式整流电路中二极管依次循环导通，当3个正二极管负极端连接在一起时，正极端电位最高者导通；当3个负二极管正极端连接在一起时，负极端电位最低者导通。这使得负载两端得到一个比较平稳的脉动直流电压。

（3）交流发电机的励磁

除了永磁式交流发电机不需要励磁以外，其他形式的交流发电机都需要励磁，因为它们的磁场都是电磁场，必须给励磁绕组通电才会有磁场产生而发电，否则发电机将不能发电。

将电流引入到励磁绕组使之产生磁场称为励磁。交流发电机励磁方式有他励和自励两种。

1）他励：在发电机转速较低时（发动机未达到怠速转速），自身不能发电，需要蓄电池供给发电机励磁绕组电流，使励磁绕组产生磁场来发电。这种由蓄电池供给磁场电流发电的方式称为他励发电。

2）自励：随着转速的提高（一般在发动机怠速时），发电机定子绕组的电动势逐渐升高并能使整流器二极管导通，当发电机的输出电压大于蓄电池电压时，发电机就能对外供电了。当发电机能对外供电时，就可以把自身发的电供给励磁绕组，这种自身供给磁场电流发电的方式称为自励发电。

交流发电机励磁过程是先他励后自励。当发动机达到正常怠速转速时，发电机的输出电压一般高出蓄电池电压1~2V以便对蓄电池充电，此时，由发电机自励发电。

不同汽车的励磁电路各不相同，但有一个共同特点是，励磁电路都必须由点火开关控制。交流发电机的励磁控制形式如图3-13所示。

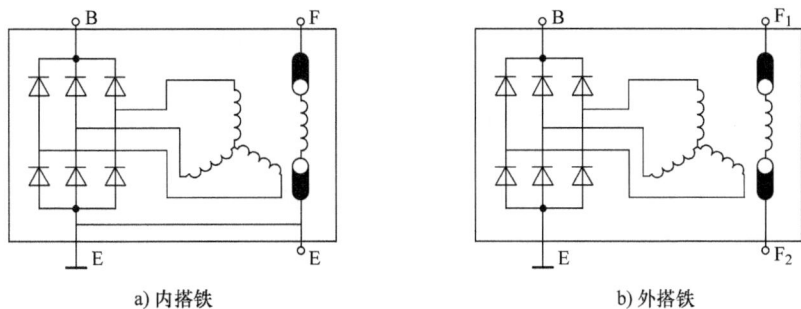

a) 内搭铁　　　　　　　　　　　b) 外搭铁

图 3-13　交流发电机的励磁控制形式

## （二）单选题

1. （　　）的功用就是将蓄电池的电能转变为机械能，产生转矩，起动发动机。

A. 润滑系统　　　　　　B. 起动系统　　　　　　C. 传动系统　　　　　　D. 发电机

2. JFT126 型调节器 S 与 E 接柱之间的电阻为（　　）。

A. 4600kΩ ~ 5000kΩ　　B. 7.5kΩ ~ 8kΩ　　　C. 3.0kΩ　　　　　　D. 550kΩ

3. 充足电的蓄电池，其开路端电压是（　　）。

A. 12.4V　　　　　　B. ≥12.6V　　　　　　C. 12V　　　　　　D. ≤11.7V

4. 电刷磨损后的高度一般不小于（　　）。

A. 10mm　　　　　　B. 15mm　　　　　　C. 20mm　　　　　　D. 25mm

5. 动态检测方法可以检测出调节器的（　　）。

A. 调节电流　　　　　B. 调节电压　　　　　C. 电阻　　　　　　D. 电容

6. 对在使用过程中放电的电池进行充电叫（　　）。

A. 初电池　　　　　　B. 补充充电　　　　　C. 去硫化充电　　　　D. 锻炼性充电

7. 发电机 "N" 与 "E" 或 "B" 间的反向电阻值应为（　　）。

A. 40 ~ 50Ω　　　　　B. 65 ~ 80Ω　　　　　C. 710kΩ　　　　　　D. 10Ω

8. 发动机起动后，应（　　）检查各仪表的工作情况是否正常。

A. 及时　　　　　　B. 滞后　　　　　　C. 途中　　　　　　D. 熄火后

9. 给蓄电池充电，选择充电电流为蓄电池额定容量的（　　）。

A. 1/5　　　　　　B. 1/10　　　　　　C. 1/15　　　　　　D. 1/25

10. 计算出电池容量与数量使之符合自己的使用要求，这是免维护电池的（　　）原则。

A. 安全选择　　　　　B. 性价比选择　　　　　C. 按需选择　　　　　D. 按适应性选择

11. 检测调节器所用的电源应为（　　）。

A. 12V 直流电源　　　　　　　　　　　B. 12V 交流电源

C. 可调直流电源　　　　　　　　　　　D. 可调交流电源

12. 检测蓄电池的相对密度，应使用（　　）检测。

A. 密度计　　　　　　B. 电压表　　　　　C. 高率放电计　　　　D. 玻璃管

13. 检查传动带松紧度，用 30 ~ 50N 的力按下传动带，挠度应为（　　）。

A. 5～10mm　　　　B. 10～15mm　　　　C. 15～20mm　　　　D. 20～25mm

14. 如果汽车蓄电池电压正常，接下来需要读取故障码，读取故障码的第一步应该（　　）。

A. 按下超速档开关，使之置于 ON 位置

B. 打开点火开关，将它置于 ON 位置，但不要起动发动机

C. 打开位于发动机附近的汽车电脑故障检测插座罩盖，依照罩盖内所注明的各插孔的名称，用一根导线将 TE1 和 E1 两插孔相连

D. 根据自动变速器故障警告灯的闪亮规律读出故障码

15. 将机械式万用表的正测试棒"红色"接二极管引出极，负测试棒"黑色"接二极管的另一极。测其电阻大于 10kΩ，则该二极管为（　　）。

A. 正极管　　　　B. 负极管　　　　C. 励磁二极管　　　　D. 稳压二极管

16. 接通电路，测量调节器大功率晶体管的管压降过低——小于 0.6V，说明晶体管（　　）。

A. 短路　　　　B. 断路　　　　C. 搭铁　　　　D. 良好

17. 静态检测方法即用万用表测量晶体管调节器各接线柱之间的静态（　　）。

A. 电压　　　　B. 电流　　　　C. 电阻　　　　D. 电容

18. 密度计是用来检测蓄电池（　　）的器具。

A. 电解液密度　　　　B. 电压　　　　C. 容量　　　　D. 输出电流

19. 汽车电器万能试验台是用于汽车（　　），主要测试电气系统性能的综合性设备。

A. 车身　　　　B. 底盘　　　　C. 发动机　　　　D. 空调

20. 若测得发电机"F"与"E"接线柱间的电阻值为无穷大，说明该绕组（　　）。

A. 断路　　　　B. 短路　　　　C. 良好　　　　D. 不能确定

21. 桑塔纳 JF1913 型发电机，"F"与"E"接线柱之间的电阻值为（　　）。

A. 5～7Ω　　　　B. 3.5～3.8Ω　　　　C. 2.8～3.2Ω　　　　D. 2.8～3.0Ω

22. 实验中将小功率灯泡接于电路中，可以判断调节器的（　　）。

A. 功率　　　　B. 管压降　　　　C. 搭铁形式　　　　D. 调步频率

23. 使用的指针式万用表型号不同，测得的发电机（　　）接线柱之间的电阻值不同。

A. "F"与"E"　　　　　　　　B. "B"与"E"
C. "B"与"F"　　　　　　　　D. "N"与"F"

24. 调节器的检测方法可分为静态检测和（　　）。

A. 电阻检测　　　　B. 搭铁形式检测　　　　C. 管压降检测　　　　D. 动态检测

25. 万能电器实验台上，用于调节发电机磁场电流的部件是（　　）。

A. 可调电源　　　　B. 可调电阻　　　　C. 可调电容　　　　D. 可调电感

26. 相对密度是指温度为 25℃时的值，环境温度每升高 1℃则应（　　）0.0007。

A. 加上　　　　B. 减去　　　　C. 乘以　　　　D. 除以

27. 蓄电池电解液液面高度要求高出隔板上沿（　　）。

A. 5～10mm　　　　B. 10～15mm　　　　C. 15～20mm　　　　D. 20～25mm

28. 选用免维护蓄电池应根据自己的需要，计算出需要的电池容量与（　　）。

A. 体积　　　　B. 价格　　　　C. 数量　　　　D. 性能

29. 选择免维护电池的原则，主要有按需选择、安全、（　　）三方面考虑。

　　A. 价格　　　　　　B. 性能　　　　　　C. 寿命　　　　　　D. 性价比

30. 用万用表测量晶体管调节器各接线柱之间的电阻来判断调节器好坏的方法叫(　　)。

　　A. 动态检测法　　　B. 静态检测法　　　C. 空载检测法　　　D. 负载检测法

31. 用万用表电阻最大档检测定子绕组接线端与定子铁心之间的电阻，应为无穷大，否则说明有（　　）故障。

　　A. 断路　　　　　　B. 短路　　　　　　C. 搭铁　　　　　　D. 击穿

32. 转子绕组好坏的判断，可以通过测量发电机（　　）接线柱间的电阻来确定。

　　A. "F" 与 "E"　　　　　　　　　　　B. "B" 与 "E"

　　C. "B" 与 "F"　　　　　　　　　　　D. "N" 与 "F"

## （三）判断题

（　　）1. 干荷蓄电池初次使用，需要初充电。

（　　）2. 给蓄电池补充充电时，应检查电解液高度，若不足应补加电解液。

（　　）3. 环境温度越高，蓄电池电解液密度越高。

（　　）4. 内搭铁型调节器与外搭铁型调节器试验电路接法相同。

（　　）5. 三桥式整流电路由三相绕组、6 个二极管和负载组成。

（　　）6. 试验电路接通后，当电源电压调至调节器电压值时，小灯泡熄灭说明调节器良好。

（　　）7. 发电机 "B" 与 "E" 间的电阻值都应大于 $10k\Omega$。

（　　）8. 蓄电池全放电时电解液密度为零。

（　　）9. 选择免维护蓄电池，出于安全的原则，应选择有一定品牌知名度的蓄电池厂家或有技术力量、服务好的经销（代理）商。

（　　）10. 用负荷试验法检测蓄电池性能时，可用起动作为负载。

（　　）11. 用万用表检测发电机各接线端子的电阻，若均符合规定，则说明该发电机不存在故障。

（　　）12. 在发动机不起动的情况下，把点火开关旋转到 "ON" 档，打开风窗玻璃刮水器。如果刮水器动得很慢，比平时慢很多，则说明蓄电池缺电。

# 四、汽车起动系统

## （一）汽车起动系统知识

### 1. 起动机的作用

起动机的作用就是起动发动机，发动机起动之后，起动机便立即停止工作。起动机在整车上的位置如图 4-1 所示。

### 2. 起动机的分类

起动机按传动机构的啮入方式不同可分为强制啮合式起动机、减速式起动机。

（1）强制啮合式起动机

强制啮合式起动机靠电磁力拉动杠杆，强制拨动驱动齿轮啮入飞轮齿环。其特点是啮合机构简单、动作可靠、操作方便，目前广泛使用，如图 4-2 所示。

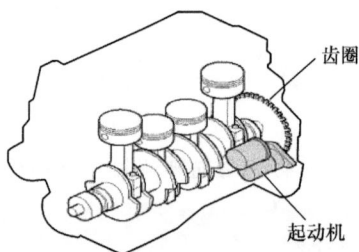

图 4-1　起动机在整车上的位置

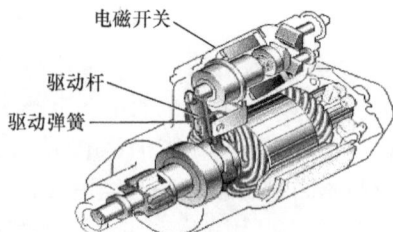

图 4-2　强制啮合式起动机

（2）减速式起动机

减速式起动机（图 4-3）采用高速、小型、低转矩电动机，在传动机构中设有减速装置（行星齿轮机构），其质量和体积比普通起动机可减小 30% ~ 35%，但结构和工艺比较复杂。减速式起动机分为外啮合减速式起动机、行星齿轮啮合式减速起动机。

目前起动机应用最广泛的为强制啮合式起动机，本书主要介绍强制啮合式起动机。

### 3. 起动机的结构

起动机一般由直流电动机、传动机构（或称啮合机构）和控制装置（电磁开关）三部分组成。

（1）直流电动机

直流电动机的作用是产生转矩。起动机一般采用串励直流电动机。"串励"是指电枢绕组与励磁绕组串联。

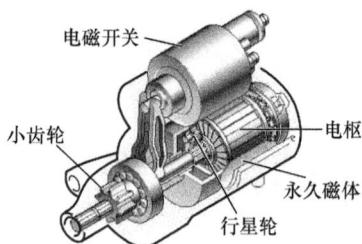

图 4-3　减速式起动机

串励直流电动机主要由机壳、磁极、电枢、换向器及电刷等组成，如图4-4所示。

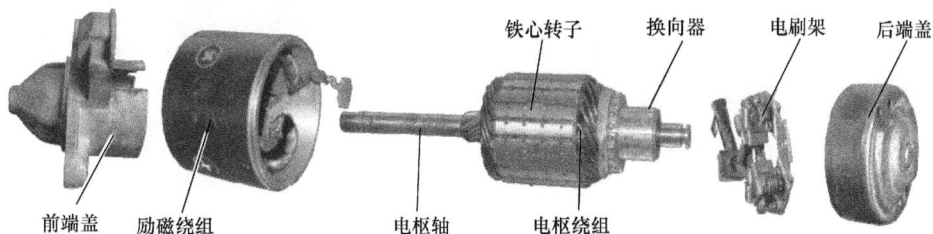

图4-4 串励直流电动机的组成

1）机壳。机壳的作用是安装磁极、固定机件。机壳用钢管制成，一端开有窗口，用于观察和维护电刷和换向器，平时用防尘箍盖住。机壳上有一个电流输入接线柱，并在内部与励磁绕组的一端相接。机壳内壁固定有磁极铁心和励磁绕组，如图4-5所示。

2）磁极。磁极的作用是产生磁场，它由固定在机壳上的磁极铁心和励磁绕组组成，一般是四个，两对磁极相对交错安装在电动机定子内壳上，如图4-6a所示。四个励磁绕组可互相串联后再与电枢绕组串联，也可两两串联后并联再与电枢绕组串联，如图4-6b所示。

3）电枢。电枢的作用是产生电磁转矩，它主要由电枢轴、电枢铁心、电枢绕组和换向器等组成。电枢总成如图4-7所示，电枢铁心由许多相互绝缘的硅钢片叠装而成，其圆周表面上有槽，用来安放电枢绕组，电枢绕组用矩形截面的裸铜线绕制。

4）换向器。换向器装在电枢轴上，它由许多换向片组成。换向片嵌装在轴套上，各换向片之间用云母绝缘。换向器与电刷相接触。

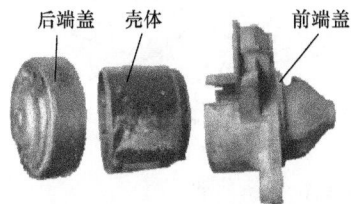

图4-5 起动机机壳

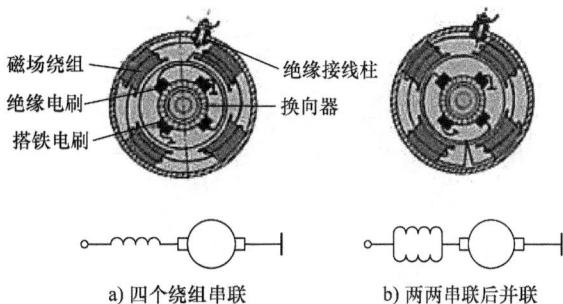

a）四个绕组串联　　b）两两串联后并联

图4-6 励磁绕组的接法

5）电刷及电刷架。电刷及电刷架的作用是将电流通过换向器引入电枢让其旋转。一般有四个电刷及电刷架，如图4-8所示。电刷架固定在前端盖上，其中两个对置的电刷架与端盖绝缘，称为绝缘电刷架；另外两个对置的电刷架与端盖直接铆合而搭铁，称为搭铁电刷架。

电刷由铜粉与石墨粉压制而成，加入铜粉是为了减少电阻并增加耐磨性。电刷装在电刷架中，借弹簧压力将它紧压在换向器铜片上。电刷弹簧的压力一般为12～15N。

6）端盖。端盖有前、后之分。前端盖一般用钢板压制而成，其上装有四个电刷架，后端盖为灰铸铁浇铸而成。它们分别装在机壳的两端，靠两根长螺栓与机壳紧固在一起。两端盖内均装有青铜石墨轴承套或铁基含油轴承套，以支撑电枢轴。

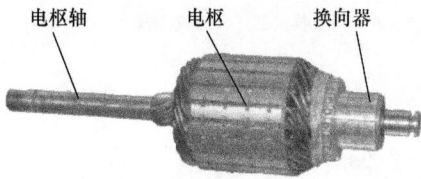

图 4-7　电枢的组成

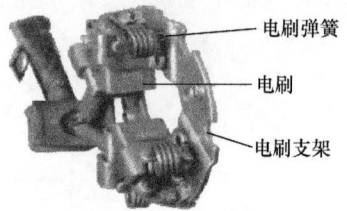

图 4-8　电刷及电刷架的组合

（2）起动机的传动机构

传动机构的作用是把直流电动机产生的转矩传递给飞轮齿圈，再通过飞轮齿圈将转矩传递给发动机曲轴，发动机起动后，飞轮齿圈与驱动齿轮自动打滑脱离。传动机构一般由驱动齿轮、单向离合器、拨叉、啮合弹簧等组成，如图 4-9 所示。在传动机构中，结构和工作情况比较复杂的是单向离合器，它的作用是传递电动机转矩，起动发动机，而在发动机起动后自动打滑，保护起动机电枢不致飞散。常用的单向离合器主要有滚柱式、摩擦片式和弹簧式等。

（3）起动机的控制装置

起动机控制装置的作用是控制驱动齿轮和飞轮的啮合与分离，并且控制电动机电路的接通与切断。常用的装置有机械式和电磁式两种，现代汽车上广泛使用电磁式控制装置（电磁开关），如图 4-10 所示。电磁式控制装置主要由吸引线圈、保持线圈、回位弹簧、活动铁心、接触片等组成。其中，端子 50 接点火开关，通过点火开关再接电源，端子 30 直接接电源。

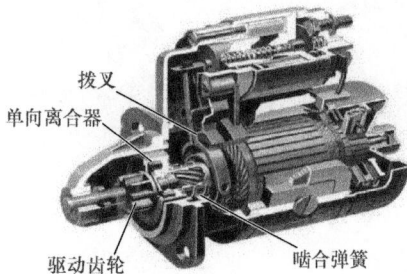

图 4-9　起动机的传动机构

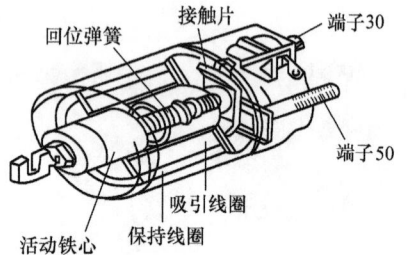

图 4-10　电磁式控制装置

电磁式控制装置的基本工作过程如图 4-11 所示：当起动电路接通后，保持线圈的电流经起动机接线柱 50 进入，经线圈后直接搭铁，吸引线圈的电流也经起动机接线柱 50 进入，但通过吸引线圈后未直接搭铁，而是进入电动机的励磁绕组和电枢后再搭铁。两线圈通电后产生较强的电磁力，克服回位弹簧弹力使活动铁心移动，一方面通过拨叉带动驱动齿轮移向飞轮齿圈并与之啮合，另一方面推动接触片移向接线柱 50 和端子 C 的触点，在驱动齿轮与飞轮齿圈进入啮合后，接触片将两个主触点接通，使电动机通电运转。在驱动齿轮进入啮合之前，由于经过吸引线圈的电流经过了电动机，电动机在这个电流的作用下会产生缓慢旋转，以便于驱动齿轮与飞轮齿圈进入啮合。在两个主接线柱触点接通之后，蓄电池的电流直接通过主触点和接触片进入电动机，使电动机进入正常运转，此时通过吸引线圈的电路被短路，因此，吸引线圈中无电流通过，主触点接通的位置靠保持线圈来保持。发动机起动后，切断起动电路，保持线圈断电，在弹簧的作用下，活动铁心回位，切断了电动机的电路，同时也使驱动齿轮与飞轮齿圈脱离啮合。

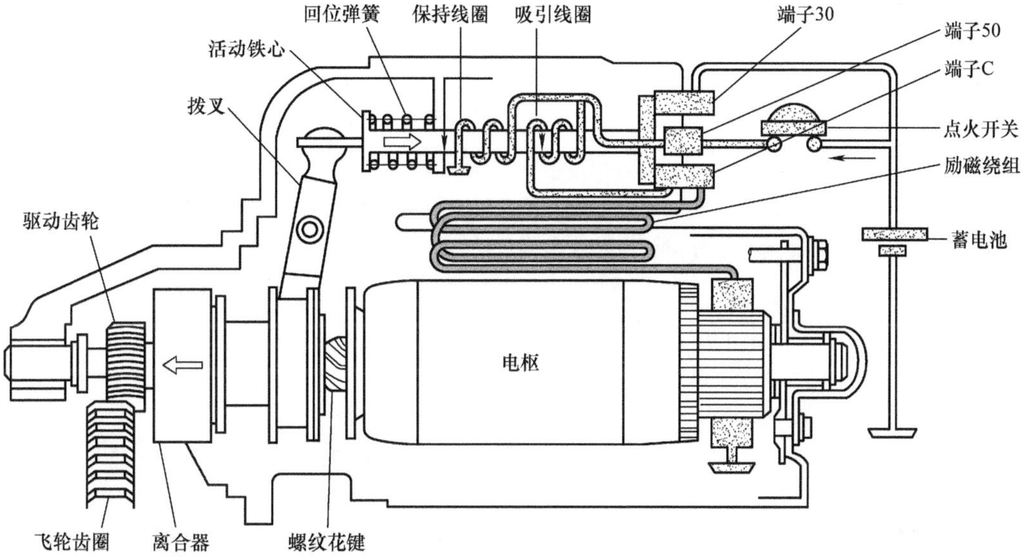

图 4-11　电磁式控制装置的基本工作过程

## （二）单选题

1. QD124 型起动机，空转试验电压 12V 时，起动机转速不低于（　　）。
A. 3000r/min　　B. 4000r/min　　C. 5000r/min　　D. 6000r/min

2. 电枢检测器用作检测起动机电枢绕组的（　　）故障。
A. 断路　　B. 短路　　C. 搭铁　　D. 击穿

3. 对于任何发动机不能起动这类故障的诊断，首先应检测的是（　　）。
A. 蓄电池电压　　B. 电动燃油泵　　C. 起动机　　D. 点火线圈

4. 给起动机定子上每个磁场绕组通电，若某个磁极吸力较弱，说明该绕组（　　）。
A. 断路　　B. 短路　　C. 搭铁　　D. 击穿

5. 检测起动机（　　），主要检测线路的通断情况。
A. 控制线路　　B. 搭铁线路　　C. 供电线路　　D. 检测线路

6. 检测起动机电枢轴轴颈外径与衬套内径的配合间隙，应使用（　　）。
A. 万用表　　B. 游标卡尺　　C. 百分表　　D. 塞尺

7. 检验起动机的工作性能应使用（　　）。
A. 测功仪　　　　　　　　　　B. 发动机综合分析仪
C. 电器万能试验台　　　　　　D. 解码仪

8. 起动机的（　　）种类有机械操纵式和电磁操纵式两类。
A. 增速机构　　B. 控制机构　　C. 传动机构　　D. 减速机构

9. 起动机的起动控制线主要负责给起动机上的（　　）供电。

A. 电枢绕组　　　　B. 磁场绕组　　　　C. 电磁开关　　　　D. 继电器

10. 起动机电刷与换向器的接触面不低于（　　）。

A. 50%　　　　　　B. 60%　　　　　　C. 70%　　　　　　D. 80%

11. 起动机供电线路，重点检测线路各接点的（　　）情况。

A. 电流　　　　　　B. 压降　　　　　　C. 电动势　　　　　D. 电阻

12. 起动机做空载试验时，若电流和转速都小，说明电路存在（　　）。

A. 短路故障　　　　B. 断路故障　　　　C. 接触电阻大　　　D. 接触电阻小

13. 起动机做空载试验时，若起动机装配过紧，则（　　）。

A. 电流高而转速低　B. 转速高而电流低　C. 电流、转速均高　D. 电流、转速均低

14. 起动系统线路（　　）应不大于0.2V。

A. 电压　　　　　　B. 电压降　　　　　C. 电动势　　　　　D. 电阻

15. 起动系统线路电压降应不大于（　　）。

A. 2V　　　　　　 B. 1V　　　　　　　C. 0.5V　　　　　　D. 0.2V

16. 起动系统线路检测程序可分为（　　），依次选择各个节点进行。

A. 从后向前　　　　B. 从前向后　　　　C. 从中间向前向后　D. 以上都可以

17. 起动系统线路电压降应（　　）0.2V。

A. 大于　　　　　　B. 小于　　　　　　C. 不大于　　　　　D. 不小于

18. 桑塔纳起动机"50"柱引出的导线接向（　　）。

A. 蓄电池正极　　　B. 蓄电池负极　　　C. 点火开关　　　　D. 中央接线板

19. 桑塔纳起动系统，蓄电池"＋"接柱与起动机的（　　）接柱相连。

A. 150　　　　　　 B. 31　　　　　　　C. 30　　　　　　　D. 50

20. 试验起动系统时，点火开关应（　　）完成试验项目。

A. 及时回位　　　　B. 不应回位　　　　C. 保持一段时间　　D. 无要求

21. 试验起动系统时，试验时间（　　）。

A. 不宜过长　　　　B. 不宜过短　　　　C. 尽量长些　　　　D. 无要求

22. 用万用表测量起动机换向器和铁心之间的电阻，应为（　　），否则说明电枢绕组存在搭铁故障。

A. 0Ω　　　　　　　B. 无穷大　　　　　C. 100Ω　　　　　　D. 1000Ω

23. 用万用表测量起动机接柱和绝缘电刷之间的电阻为无穷大，则说明（　　）存在断路故障。

A. 电枢绕组　　　　B. 磁场绕组　　　　C. 吸拉线圈　　　　D. 保持线圈

24. 在发动机不起动的情况下，把点火开关旋转到"ON"档，打开风窗玻璃刮水器。如果刮水器动得很慢，且比平时慢很多，则说明（　　）。

A. 蓄电池缺电　　　B. 发电机损坏　　　C. 点火正时失准　　D. 点火线圈温度过高

## （三）判断题

（　　）1. QD124型起动机，全制动试验时，电压8V电流不大于90A。

（　　）2. 柴油机起动困难，应从喷油时刻、燃油雾化、压缩终了时的气缸压力和温度等方面找原因。

（　　　）3. 柴油机起动困难的根本原因是柴油没有进入气缸，维修时应从燃料输送方向查找故障原因。

（　　　）4. 检测起动线路要求起动线路的连接应符合原车技术要求。

（　　　）5. 检查起动机换向器表面若有轻微烧蚀，应用"00"号砂纸打磨，严重时应车削。

（　　　）6. 起动机的控制机构种类有机械操纵式和增速机构式两类。

（　　　）7. 做起动机全制动试验时，若驱动齿轮不转而电枢轴有缓慢的转动，说明单向离合器打滑。

（　　　）8. 起动系统的功用就是将机械能转变为蓄电池的电能，产生转矩，起动发动机。

（　　　）9. 起动系统线路电压降应大于0.2V。

（　　　）10. 如果发动机每次起动都超过30s或连续起动10次以上才能起动，均属起动困难。

（　　　）11. 桑塔纳轿车的点火开关直接控制起动机，无起动继电器。

（　　　）12. 试验起动系统线路时，应防止检测短路。

# 五、汽车照明信号系统

## （一）汽车照明信号系统知识

### 1. 汽车照明灯在汽车上的位置及种类

汽车照明灯是汽车夜间行驶必不可少的照明设备，为了提高汽车的行驶速度，确保夜间行车安全，汽车上装有多种照明设备。汽车照明灯根据安装位置和用途的不同，一般可分为：外部照明装置和内部照明装置。外部和内部照明灯分别如图5-1、图5-2所示。

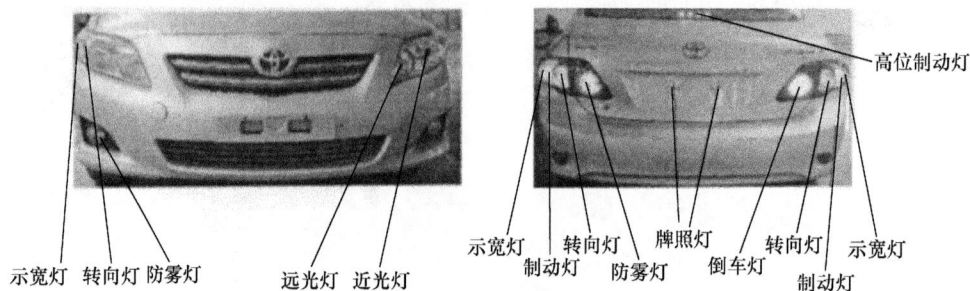

图 5-1　汽车外部照明灯

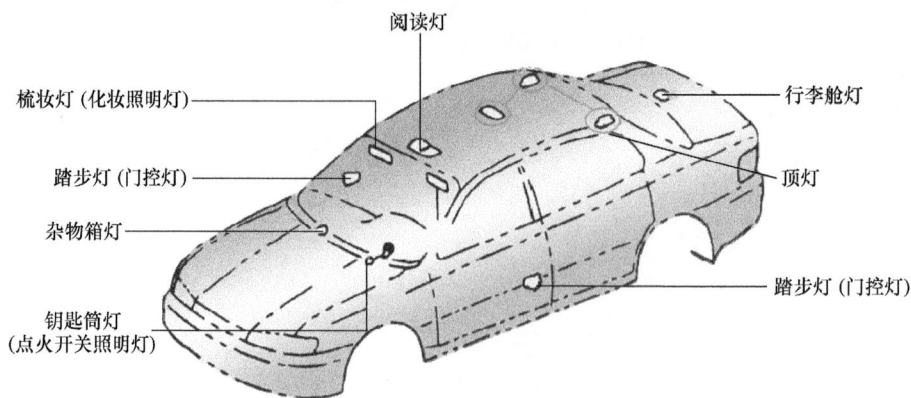

图 5-2　汽车内部照明灯

### 2. 照明灯具的作用

（1）前照灯

前照灯（俗称前大灯）装于汽车头部两侧，用于夜间行车时道路的照明。前照灯有两灯制和四灯制之分，功率一般为 40～60W。

（2）雾灯

雾灯有前雾灯和后雾灯两种。前雾灯装于汽车前部比前照灯稍低的位置，用于在雨雾天气行车时照明道路。为保证雾天高速行驶的汽车向后方车辆或行人提供本车位置信息，交通管理部门规定，在车辆后部加装功率较大的后雾灯，以降低交通事故发生率。雾灯的光色规定采用光波较长的黄色、橙色或红色。

（3）牌照灯

牌照灯装于汽车尾部的牌照上方，用于夜间照亮汽车牌照。

（4）仪表灯

仪表灯装于汽车仪表板上，用于仪表照明，以便于驾驶人获取行车信息并进行正确操作，其数量根据仪表设计布局而定。

（5）顶灯

顶灯装于驾驶室或车厢顶部，用于车内照明。

目前，多将前照灯、雾灯、前位灯等组合起来，称为组合前灯；将后位灯、后转向信号灯、制动信号灯、倒车灯组合起来称为组合后灯。

**3. 前照灯**

（1）普通型前照灯

1）对前照灯的基本要求：由于前照灯的照明效果直接影响夜间行车驾驶人的操作和交通安全，因此世界各国交通管理部门多以法律的形式规定了其照明标准。

汽车前照灯与其他照明灯相比有较特殊的光学结构，对它的基本要求如下：

① 前照灯应保证夜间车前有明亮而均匀的照明，使驾驶人能辨明 100m 以内道路上的任何物体。随着汽车行驶速度的不断提高，对前照灯的要求也越来越高，现代高速汽车的前照灯照明距离能达到 200m。

② 前照灯应具有防眩目装置，以免夜间两车交会时造成对方车辆驾驶人眩目而发生事故。眩目是指人的眼睛突然受强光照射时，由于视觉神经受刺激而失去对眼睛的控制，本能地闭上眼睛或看不清暗处物体的生理现象。

2）前照灯的结构：前照灯主要由灯泡、反射镜和配光镜三部分组成。

前照灯按反射镜的结构形式可分为可拆卸式、半封闭式、封闭式三种。可拆卸式前照灯因气密性不良，反射镜易受潮气和灰尘污染而降低反射能力，现已被淘汰。

半封闭式前照灯的结构如图 5-3 所示。半封闭式前照灯的前透镜和反射镜密封，可从反射镜后端拆装灯泡，维修方便，但反射镜易被污染。

全封闭式前照灯的结构如图 5-4 所示。反射镜和前透镜熔焊为一个整体，灯丝直接焊在反射镜的底座上，可完全避免反射镜被污染，但灯丝烧坏后需整体更换，维修成本高。

普通前照灯灯泡有充气灯泡、卤钨灯泡两种类型，如图 5-5 所示。

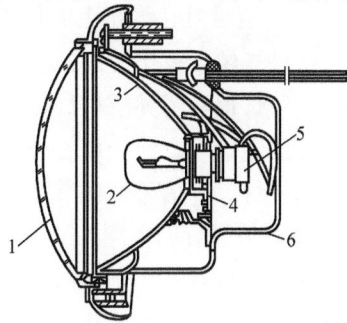

图 5-3　半封闭式前照灯
1—配光镜　2—灯泡　3—反射镜
4—插座　5—接线盒　6—灯壳

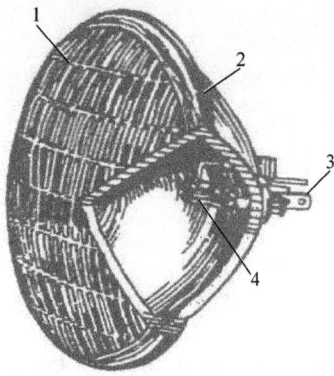

图 5-4　全封闭式前照灯
1—配光镜　2—反射镜　3—插头　4—灯丝

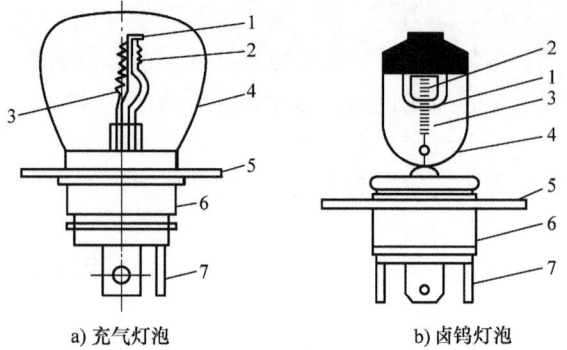

a) 充气灯泡　　　b) 卤钨灯泡

图 5-5　普通前照灯的灯泡
1—配光屏　2—近光灯丝　3—远光灯丝　4—灯壳
5—定焦盘　6—灯头　7—插片

充气灯泡从玻璃泡中抽出空气，再充以 86% 的氩和 14% 的氮的混合惰性气体。灯泡通电后，灯丝发热，惰性气体受热膨胀而产生较大的压力，可以减少钨的蒸发，延长灯泡的使用寿命。

卤钨灯泡是在充入的惰性气体中渗入某种卤族元素，如碘、溴等，利用卤钨再生循环作用防止钨丝蒸发。

（2）高压放电前照灯

高压放电前照灯如图 5-6 所示。其光亮原理是，当电极之间施加高压时，促使电子和金属原子碰撞并释放光能点亮灯泡，系统在电极两侧释放高压脉冲（大约 20000V）使氙气发光。随着灯泡内温度上升，水银蒸发并放出弧光。当灯泡内的温度进一步增加，水银电弧中的金属卤化物盐蒸发分解，金属原子放出光束。灯光由 ECU 控制，发光稳定。

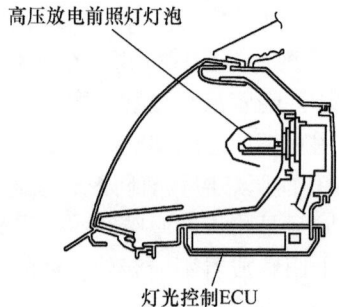

图 5-6　高压放电前照灯

**4. 信号系统**

（1）信号灯在汽车上的位置及种类

信号系统主要用于向他人或其他车辆发出警告和示意的信号。

信号灯也分为外信号灯和内信号灯，外信号灯指转向指示灯、制动灯、尾灯、示廓灯、倒车灯；内信号灯泛指仪表板的指示灯，主要有转向、机油压力、充电、制动、关门提示等仪表指示灯。外信号灯在汽车上的位置如图 5-7 所示。

（2）信号灯的作用

转向信号灯：汽车转向时告知周围车辆和行人的灯具，发出亮灭交替的闪光信号，颜色为琥珀色，受转向开关和闪光器控制。

转向指示灯：安装在仪表板上，标识汽车转向并指正转向灯工作情况，它与转向信号灯并联，并一起工作。

危险警告灯：危险警告灯由转向信号灯兼任。当汽车发生故障或遇有特殊情况时，按下

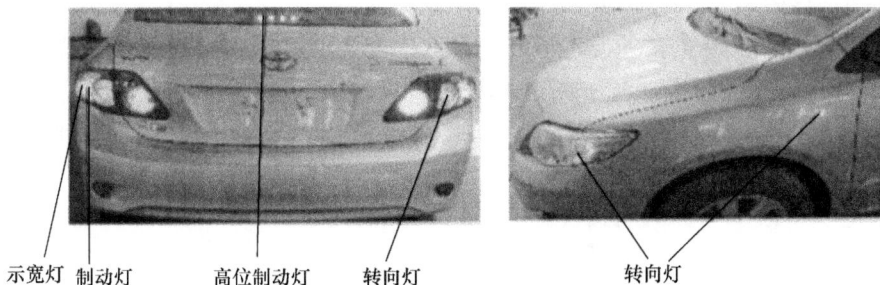

示宽灯 制动灯　　　高位制动灯　转向灯　　　　　　转向灯

图 5-7　外信号灯在汽车上的位置

标有"△"的红色按钮，此时汽车两侧的转向信号灯同时闪烁作为危险警告灯。危险警告灯装置不受电源总开关的控制。

示宽灯：俗称小灯（行车灯），装于汽车前后部两侧，以示意其轮廓和存在。前位灯一般为白色或黄色，后位灯又称尾灯，为红色。

制动灯：又称制动信号灯，俗称"刹车灯"。它装在汽车后面，多采用组合式灯具。其用途是在汽车制动停车或减速行驶时，向车后发出灯光信号，以警告尾随的车辆或行人。制动灯法定为红色，其灯泡功率一般为 20~40W，制动灯开关与制动踏板相连，只要制动，制动灯就会点亮。

门灯：只是指示车门关闭状况的信号灯，受控于门控开关。

倒车灯：用以在倒车时照亮车辆后面环境，警示车后的行人和车辆注意避让。

（3）闪光器

当汽车要转向时，由驾驶人打开相应的转向灯开关，转向信号灯点亮并按一定频率闪烁，以告知前后车辆驾驶人、行人。闪光器是控制转向信号灯闪烁频率的装置。

常见闪光器有电热式、电容式、电子式三类。电热式闪光器结构简单，但闪光频率不够稳定，使用寿命短，已被淘汰。电容式闪光器闪光频率稳定，电子式闪光器具有性能稳定、可靠等优点，二者被广泛应用。

## （二）单选题

1. 充电系统电压调整过高，对照明灯的影响有（　　）。

A. 灯光暗淡　　　B. 灯泡烧毁　　　C. 熔丝烧断　　　D. 闪光频率增加

2. 打开灯控开关，熔丝烧断，说明线路存在（　　）故障。

A. 断路　　　B. 短路　　　C. 接触不良　　　D. 击穿

3. 打开右转向时，右转向灯闪光频率加快，原因是（　　）。

A. 左侧转向灯损坏　　　　　B. 右侧转向灯损坏

C. 右侧转向灯功率较大　　　D. 闪光器内部故障

4. 当转向开关拨至左转向时，左右两边转向灯都发出微弱的光，则故障点是在（　　）。

A. 左转向灯搭铁处　B. 右转向灯搭铁处　C. 左转向灯供电处　D. 右转向灯供电线处

5. 汽车灯光系统出现故障，除与本系统元件损坏有关外，还可能与（　　）有关。

A. 充电系统　　　B. 起动系统　　　C. 仪表报警系统　　　D. 空调系统

6. 前照灯搭铁不实，会造成前照灯（　　）。

A. 不亮　　　　　　B. 灯光暗淡　　　　　C. 远近光不良　　　　D. 一侧灯不亮

7. 前照灯近光灯丝损坏，会造成前照灯（　　）。

A. 全不亮　　　　　B. 一侧不亮　　　　　C. 无近光　　　　　　D. 无远光

8. 若闪光器电源接柱上的电压为0V，说明（　　）。

A. 供电线断路　　　B. 转向开关损坏　　　C. 闪光器损坏　　　　D. 灯泡损坏

9. 若闪光器频率失常，则会导致（　　）。

A. 左转向灯闪光频率不正常　　　　　　　B. 右转向灯闪光频率不正常

C. 左右转向灯闪光频率均不正常　　　　　D. 转向灯不亮

10. 若左侧转向灯总功率大于右侧转向灯总功率，则（　　）。

A. 左侧闪光频率快　　　　　　　　　　　B. 右侧闪光频率快

C. 左右侧闪光频率相同　　　　　　　　　D. 会使闪光器损坏

11. 若左转向灯搭铁不良，当转向开关拨至左转向时的现象是（　　）。

A. 左右转向灯都不亮　　　　　　　　　　B. 只有右转向灯亮

C. 只有左转向灯亮　　　　　　　　　　　D. 左右转向灯微亮

12. 闪光继电器的种类有（　　）、电容式、电子式三类。

A. 信号式　　　　　B. 电热式　　　　　　C. 过流式　　　　　　D. 冲击式

13. 用试灯测试照明灯线路上的某点，若灯亮，说明此点前方的线路（　　）。

A. 断路　　　　　　B. 短路　　　　　　　C. 正常　　　　　　　D. 击穿

14. 用试灯测试照明灯线路上的某点，若灯不亮，则说明故障点在（　　）。

A. 该点　　　　　　B. 该点前方　　　　　C. 该点后方　　　　　D. 不能确定

15. 用万用表检测照明灯某线路两端，若电阻为0Ω，说明此线路（　　）。

A. 断路　　　　　　B. 搭铁　　　　　　　C. 良好　　　　　　　D. 接触不良

16. 用万用表检测照明灯某线路两端，若电阻为无穷大，说明此线路（　　）。

A. 断路　　　　　　B. 搭铁　　　　　　　C. 良好　　　　　　　D. 接触不良

17. 用万用表检测照明灯线路上的某点，若显示正常电压，说明该点前方的线路（　　）。

A. 断路　　　　　　B. 短路　　　　　　　C. 搭铁　　　　　　　D. 良好

18. 用万用表检测照明灯线路上的某点，若无电压显示，说明此点前方的线路（　　）。

A. 断路　　　　　　B. 短路　　　　　　　C. 搭铁　　　　　　　D. 接触电阻较大

19. 用万用表检测照明系统线路故障，应使用（　　）。

A. 电流档　　　　　B. 电压档　　　　　　C. 电容档　　　　　　D. 二极管档

20. 用万用表直流电压档测闪光器电源接线柱的电压，应为（　　）。

A. 0V　　　　　　　B. 6V　　　　　　　　C. 12V　　　　　　　D. 18V

21. 造成前照灯光暗淡的主要原因是线路（　　）。

A. 断路　　　　　　B. 短路　　　　　　　C. 接触不良　　　　　D. 电压过高

22. 转向灯单边亮度失常的故障原因通常是（　　）。

A. 电线短路　　　B. 转向灯搭铁不良　　C. 转向灯开关损坏　　D. 闪光器损坏

## （三）判断题

（　　）1. 导致汽车灯光系统出现故障的主要原因有：导线松动、接触不良、短路、断路等。

（　　）2. 打开灯控开关，熔丝立即烧断，说明该照明电路中出现了断路故障。

（　　）3. 若左转向灯搭铁不良，则右转向工作也不正常。

（　　）4. 闪光继电器的种类有电热式、电容式、电子式三类。

（　　）5. 闪光器损坏后会导致转向灯全不亮。

（　　）6. 试灯法只能测试出照明灯的断路故障，不能测试其短路故障。

（　　）7. 用试灯法检测照明灯搭铁点，在拆解导线时灯灭，说明搭铁点发生在拆开接点之间的导线上。

（　　）8. 转向开关损坏后，转向灯必然全都不会亮。

# 六、汽车辅助系统

## （一）汽车辅助系统知识

### 1. 汽车空调的功能与特点

（1）汽车空调的功能

汽车空调即汽车室内空气调节，它可以调节车内的温度、湿度、气流速度、空气洁净度等，从而为乘员创造清新舒适的车内环境。汽车空调主要功能如下：

1）调节车内温度。汽车空调在冬季利用其采暖装置升高车内的温度，轿车和中小型汽车一般以发动机冷却液作为暖气的热源；在夏季，车内降温则由制冷装置完成。

2）调节车内湿度。普通汽车空调一般不具备这种功能，只有采用冷暖一体化的空调器，才能对车内的湿度进行适量调节。它通过制冷装置冷却、去除空气中的水分，再由取暖装置升温以降低空气的相对湿度。目前在多数汽车上还没有安装加湿装置，只能通过打开车窗或通风设施，靠车外的新风来调节车内湿度。

3）调节车内空气流速。空气的流速和方向对人体舒适性的影响很大。在夏季，较大的气流速度，有利于人体散热降温，但过大的风速直接吹到人体上，也会使人感到不舒服，最舒适的气流速度一般为 0.25m/s 左右。在冬季，风速太大会影响人体保温，因而冬季采暖时气流速度应尽量小一些，一般为 0.15 ~ 0.20m/s。根据人体生理特点，头部对冷比较敏感，脚部对热比较敏感，因此，在布置空调出风口时，应采取上冷下暖的方式，即让冷风吹到乘员头部，暖风吹到乘员脚部。

4）过滤、净化车内空气。由于车内空间小，乘员密度大，车内极易出现缺氧和二氧化碳浓度过高的情况；汽车发动机废气中的一氧化碳和道路上的粉尘、野外的花粉都容易进入车内，造成车内空气污浊，影响乘员的身体健康，因此必须要求汽车空调具有补充车外新鲜空气、过滤和净化车内空气的功能。一般汽车空调装置上都设有进风门、排风门、空气过滤装置和空气净化装置。

（2）汽车空调的特点

汽车空调是以消耗发动机的动力来调节控制车内环境的。了解汽车空调特点，有利于汽车空调的使用和维修。汽车空调主要有如下特点：

1）抗冲击能力强。汽车空调安装在运动中的车辆上，承受剧烈、频繁的振动和冲击，因此汽车空调的各个零部件应有足够的强度和抗振能力，接头牢固并防漏。汽车空调制冷系统的制冷剂容易发生泄漏，破坏整个空调系统的工作条件，甚至破坏制冷系统的部件，如压缩机。所以，汽车空调各部件的连接要牢固。

2）动力源多样化。空调系统所需的动力来自发动机。轿车、轻型货车、中小型客车及工程机械，其空调所需的动力和驱动汽车的动力都来自同一台发动机，这种空调系统叫作非独立空调系统；对于大型或豪华型客车，由于所需制冷量和暖气量大，一般采用专用发动机驱动制冷压缩机和设置独立的采暖设备，故称之为独立式空调系统。非独立空调系统，会影响汽车的动力性能，但比独立式空调系统在设备成本和运行成本上都经济。汽车安装了非独立式空调后，耗油量平均增加 10% ~ 20% （与车速有关），发动机的输出功率减少 10% ~ 12%。非独立式汽车空调的采暖系统一般利用发动机的冷却液，独立式空调系统则采用独立采暖的燃烧器。

3）制冷制热能力强。汽车空调要求汽车的制冷、制热能力强，其原因在于：

① 车内乘员密度大，产生热量多，热负荷大，而冬天人体所需的热量也大。

② 汽车为了减轻自重，隔热层薄；汽车的门窗多、面积大，所以汽车隔热性能差，热量流失严重。

③ 汽车都在野外工作，直接承受太阳的热、霜雪的冷、雨雾的潮湿，环境恶劣，千变万化。要使汽车空调能迅速地降温，在最短的时间里达到舒适的环境，要求制冷量特别大。

非独立式空调系统，由于汽车发动机的工况变化频繁，所以制冷系统的制冷剂流量变化大。例如，汽车高速行驶时，发动机的转速高达 6000r/min，而在怠速时才 600 ~ 700r/min，两者相差 10 倍左右，这导致压缩机输送的制冷剂变化大，制冷剂流量变化大，导致汽车空调设计困难，制冷效果不佳，而且会引起压力过高或者压缩机的液击现象进而产生事故。

4）结构紧凑、质量小。由于汽车本身的特点，要求汽车空调结构紧凑，能在有限的空间进行安装，而且安装了空调后，不会使汽车增重太多，也不会影响汽车其他的性能。

**2. 汽车空调系统的组成与分类**

（1）汽车空调系统的组成

汽车空调系统主要由以下五部分组成：

1）制冷装置。对车内空气或由外部进入车内的新鲜空气进行冷却或除湿，使车内空气变得凉爽舒适。

制冷装置组成如图 6-1 所示。

2）暖风装置。主要用于取暖，对车内空气或由外部进入车内的新鲜空气进行加热，达到取暖除霜的目的。暖风装置组成如图 6-2 所示。

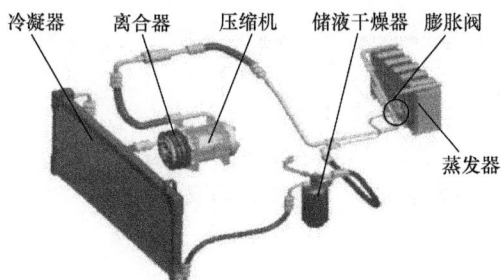

图 6-1　制冷装置

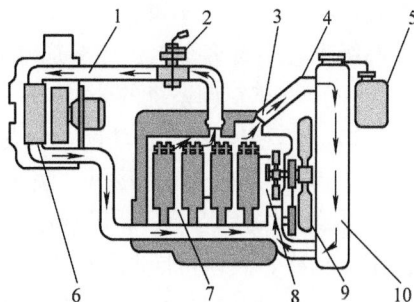

图 6-2　暖风装置

1—热交换器软管　2—热水阀　3—节温器
4—散热器软管　5—膨胀水箱　6—热交换器芯
7—发动机　8—水泵　9—风扇　10—散热器

3）通风装置。将外部新鲜空气吸进车内，起通风和换气作用。同时，通风可以防止风窗玻璃起雾。通风装置组成如图6-3所示。

图6-3　通风装置
1—前风窗玻璃除霜或除水气通风口　2—前风窗玻璃除霜或除水气通风口
3—侧面通风口　4—中间通风口　5—前排下部通风口　6—后排下部通风口

4）空气净化装置。除去车内空气中的尘埃、臭味、烟气及有毒气体，使车内空气变得清洁。它由车内、外空气交换和车内空气循环两部分组成。

5）空调控制装置。对制冷、取暖和空气配送系统的温度、压力进行控制，同时对车内的温度、风量、流向进行调节，并配有故障诊断和网络通信功能，完善了控制系统的自动程度。控制装置包括点火开关、空调开关、电磁离合器、鼓风机开关、调速电阻器、各种温度传感器、制冷剂高低压力开关、温度控制器、送风模式控制装置、各种继电器。现在不少中、高级轿车上普遍采用了电脑自动控制，大幅度降低了人工调节的麻烦，提高了空调经济性和空调制冷效果。将上述全部或部分有机地组合在一起安装在汽车上，便组成了汽车空调系统。在一般的轿车和客、货车上，通常只有制冷装置、暖风装置和通风装置，在高级轿车和高级大、中型客车上，还有加湿装置和空气净化装置。

（2）汽车空调系统的分类

1）汽车空调系统按功能可分为单一功能式和组合式两种。

① 单一功能式是指冷风、暖风各自独立，自成系统，一般用于大、中型客车上。

② 组合式是指冷、暖风合用一个鼓风机、一套操纵机构。这种结构又分为冷、暖风分别工作和冷、暖风可同时工作两种方式，多用于轿车上。

2）汽车空调系统按驱动方式可分为非独立式和独立式两种。

① 非独立式汽车空调系统。空调制冷压缩机由汽车本身的发动机驱动，汽车空调系统的制冷性能受汽车发动机工况的影响较大，工作稳定性较差，尤其是在低速时制冷量不足，而在高速时制冷量过剩，并且消耗功率较大，影响发动机动力性。这种类型的汽车空调系统一般多用于制冷量相对较小的中、小型汽车上。

② 独立式汽车空调系统。空调制冷压缩机由专用的空调发动机（也称副发动机）驱动，故汽车空调系统的制冷性能不受汽车主发动机工况的影响，工作稳定，制冷量大，但由于加装了一台发动机，不仅成本增加，而且体积和质量也增加。这种类型的汽车空调系统多用于大、中型客车上。

3）汽车空调系统按控制方式可分为手动、半自动和全自动（智能）三种。

① 手动空调系统。这类系统不具备车内温度和空气配送自动调节功能，制冷、采暖和风量的调节需要使用者按照需要调节，控制电路简单，通常使用在普及型轿车和中、大型货车上。

② 半自动空调系统。这类系统虽然具备车内温度和空气配送调节功能，但制冷、采暖和送风量等部分功能仍然需要使用者调节，它配有电子控制和保护电路，通常使用在普及型或者部分中档轿车上。

③ 全自动（智能）空调系统。这类系统具有自动调节和控制车内温度、风量以及空气配送方式的功能，保护系统完善，并具有故障诊断和网络通信功能，工作稳定可靠，目前广泛应用于中、高档轿车和大型豪华客车上。

**3. 中控门锁的组成**

丰田轿车中控门锁由门锁控制开关、门锁总成、钥匙操纵开关、行李舱门锁等组成，如图 6-4 所示，门锁总成如图 6-5 所示，门锁传动机构如图 6-6 所示，门锁位置开关工作情况如图 6-7 所示。

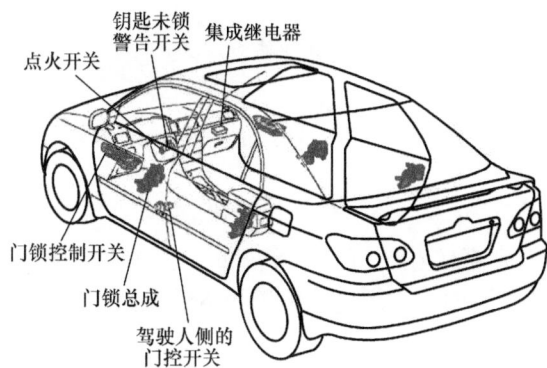

图 6-4　中控门锁组成

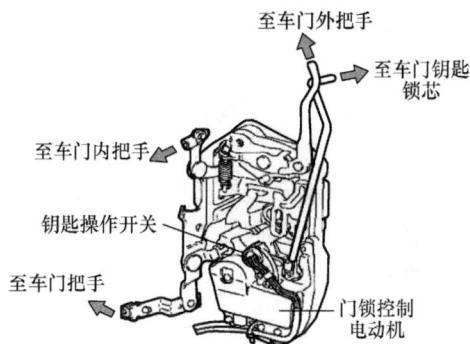

图 6-5　门锁总成

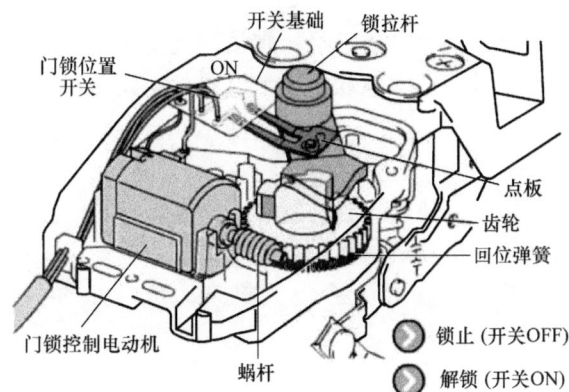

图 6-6　门锁传动机构

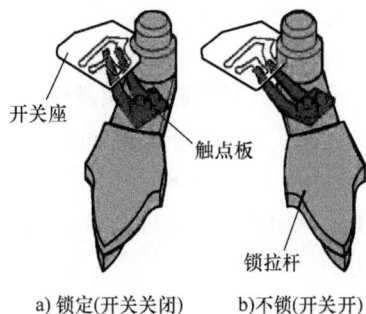

图 6-7　门锁位置开关工作情况

**4. 中控门锁的功能**

汽车中央控制门锁系统具有钥匙联动开闭车门和钥匙占用预防功能。根据不同车型、等级和使用地区，门锁装置具有各种不同的功能。具体功能如下：

（1）中央控制

当驾驶人锁住车门时，其他车门均同时锁住；驾驶人也可通过门锁开关打开所有门锁。

（2）速度控制

当车速达到一定数值时，能自动将所有的车门锁锁定（有的车型无此功能）。

（3）单独控制

为了方便，除中央控制外，乘员仍可利用车门的机械式弹簧锁开关车门。

（4）两级开锁功能

许多车辆具有钥匙联动开锁功能，其中的一级开锁操作，只能以机械方法打开钥匙插入的门锁。二级开锁操作，则同时打开其他车门锁。一般来说，所有车门可以通过前左或前右侧门上的钥匙来同时关闭和打开。

（5）钥匙占用预防功能

若已经执行了锁门操作，而钥匙仍然插在点火开关内，则所有的车门会自动打开。

（6）安全功能

当钥匙已经从点火开关中拔出而且车门也锁住时，车门不能用门锁控制开关打开。

（7）电动车窗不用钥匙的动作功能

驾驶人和乘员的车门都关上，点火开关断开后，电动车窗仍可动作60s。

（8）自动打开或关闭电动车窗功能

在一些高级车辆中，用钥匙或遥控器将门锁打开或锁止时，电动车窗会自动打开或关闭。

（9）后车门儿童安全锁止功能

防止车内儿童擅自打开车门，只有当中央门锁系统在"开锁"状态时，儿童安全锁闩才能退出。有的车锁是当儿童安全锁闩拨到锁止位置时，在车内用内锁扣不能开门，而在车外用外锁扣可以开门。

（10）防盗功能

配合防盗系统，实现汽车防盗功能。

**5. 电动车窗的功用及组成**

电动车窗可以让驾驶人操作四个车窗中的任意一个上升或下降，乘员只能使靠近自己一侧的车窗上升或下降。电动车窗由车窗玻璃、玻璃升降器、电动机、继电器、断路器和控制开关等组成，如图6-8所示。

**6. 电动座椅的功用及组成**

现代轿车的前排电动座椅，可进行座椅前后位置、座椅靠背位置、座椅倾斜位置、座椅的高度位置共计8个方向的调节，主要由座椅开关、电动机、传动装置等组成。电动机采用永磁双向直流电动机。如要完成8个方向的调整，则需要4个电动机来完成，如图6-9所示。

**7. 电动后视镜的组成**

电动后视镜一般由镜片、微型直流电动机、驱动器、控制开关等组成。在每个后视镜镜

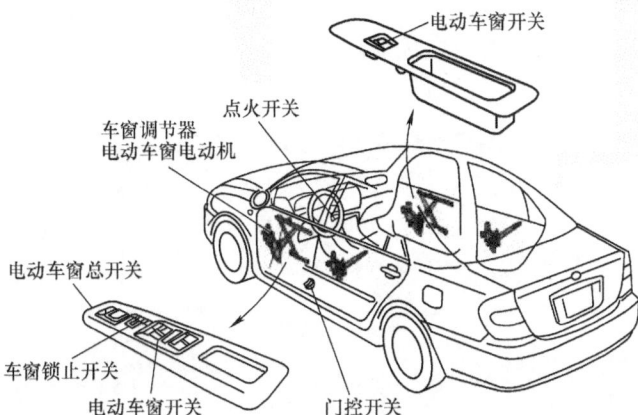

图 6-8　电动车窗组成

面的背后都有两个可逆的电动机，可操纵其上下及左右运动。通常垂直方向的倾斜运动由一个永磁电动机控制，水平方向的倾斜运动由另一个永磁电动机控制。每个电动后视镜都有一个独立控制开关，开关杆可多方向运动，可使一个电动机工作或两个电动机同时工作。有的电动后视镜还带有伸缩功能，由伸缩开关控制伸缩电动机工作，使整个后视镜回转伸出或缩回。电动后视镜的结构和控制开关如图 6-10 所示。

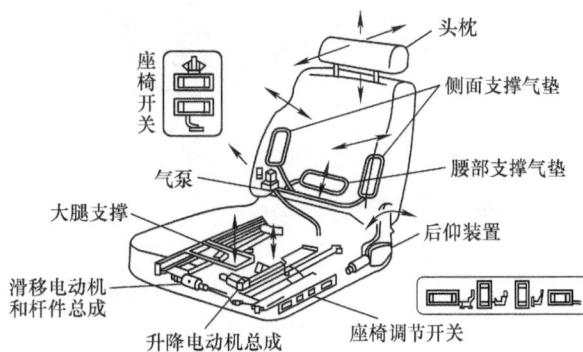

图 6-9　电动座椅调节方向

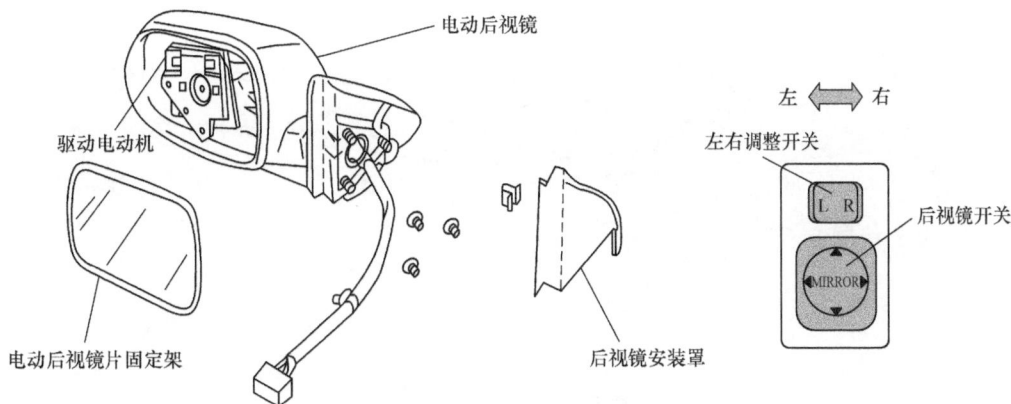

图 6-10　电动后视镜的结构和控制开关

## 8. 刮水器的作用

汽车在雨天、雪天、雾天、扬沙或尘土较多的环境中行驶时，会由于灰尘落在风窗玻璃上而影响驾驶人的视线。为了保证在上述不良天气时驾驶人仍有良好的视线，很多汽车的刮水系统中安装了清洗装置，必要时向风窗玻璃喷水或专用清洗液，在刷水器的配合下，保持风窗玻璃洁净，刮水器在汽车上的位置如图 6-11 所示。

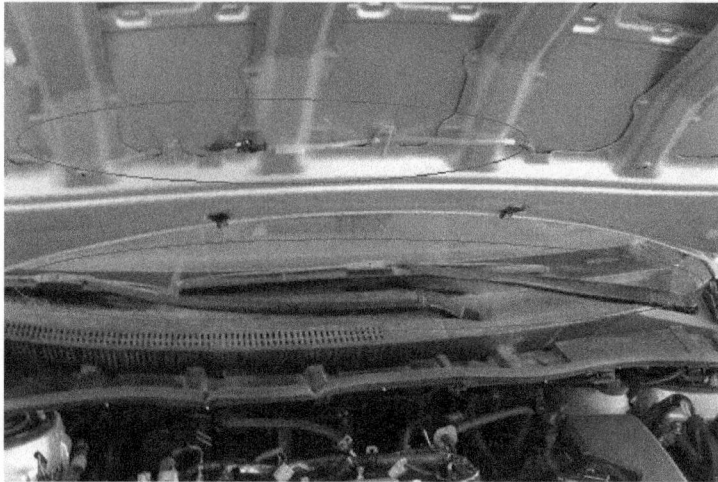

图 6-11　刮水器在汽车上的位置

### 9. 刮水及清洗系统的组成

（1）电动刮水器

电动刮水器主要由直流电动机、蜗轮箱、曲柄、连杆、摆杆、摆臂和刮水片等组成。如图 6-12 所示，一般电动机和蜗杆箱结合成一体，组成刮水器电动机总成。曲柄、连杆和摆杆等杆件可以把蜗轮的旋转运动转变为摆臂的往复摆动，使摆臂上的刮水片实现刮水动作。

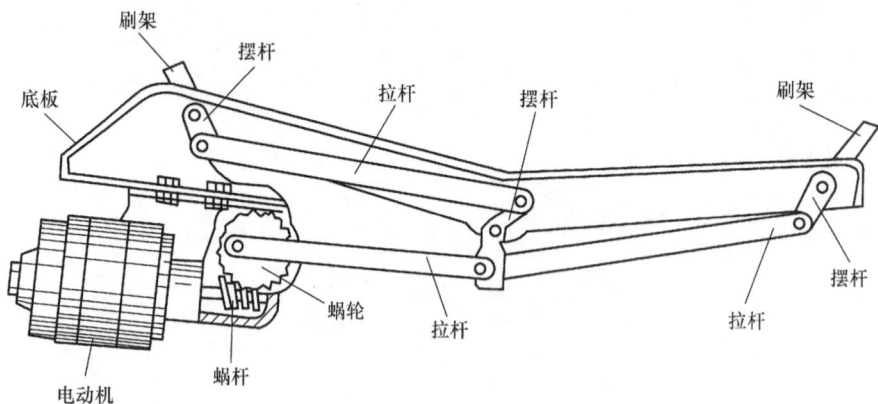

图 6-12　刮水器的组成

（2）风窗洗涤装置

为了更好地消除附着在风窗玻璃上的灰尘、污物，在汽车上增设了洗涤装置，并与刮水器配合使用，可以使汽车更好地完成刮水工作，并获得更好的刮水效果。

风窗玻璃洗涤装置的组成如图6-13所示，它主要由储液箱、洗涤泵、输液管、喷嘴等组成。洗涤泵由永磁直流电动机和离心式叶片泵组成为一体，安装在储液箱上或管路内，喷射压力达到70kPa。

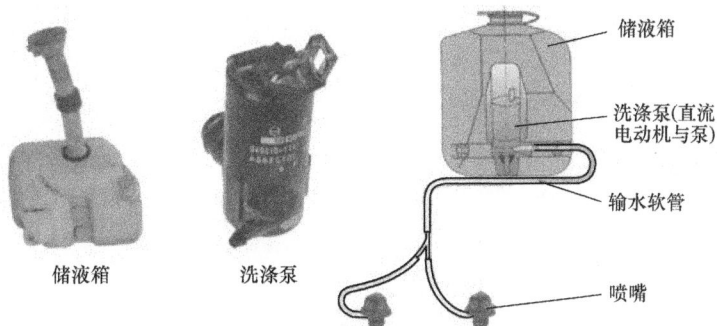

图6-13　风窗洗涤装置

（3）除霜装置

在下雨或雪的时候开车，由于气温较低，车内水蒸气易凝结在玻璃内表面上，形成一层霜，尤其是后方的玻璃因为不易擦拭到，而且风也吹不到，对行车视线影响比较大，因此在一些汽车上安装有除霜装置，汽车前、侧窗玻璃上的霜可以利用空调系统产生的暖气进行除霜，后窗玻璃多使用电热丝除霜。

除霜装置是把电热丝一根一根地粘在后窗玻璃内部，其两端相接成并联电路，只需要供给两端要求的电压，即可加温玻璃，从而达到除霜目的。除霜电热丝的电压控制方式分手动和自动两种。一般自动的除霜装置由开关、自动除霜传感器、自动除霜控制器、除霜电热丝和配线等组成，如图6-14所示。自动除霜传感器安装在后窗玻璃上，其作用是将后窗玻璃上是否结霜、结霜层的厚度告知除霜控制电路，结霜层厚度越大，传感器电阻越小。

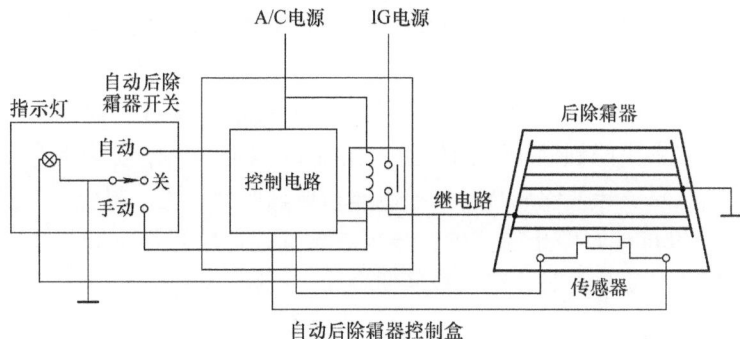

图6-14　除霜装置

**10. 电动天窗的功用与组成**

汽车的电动天窗通常称之为太阳车顶或电动车顶，这是汽车移动式车顶的一种，如图6-15所示，即在车厢的顶部有可以打开或关闭部分车顶，以改善车厢内的采光、通风和通气。它主要由天窗组件、滑动机构、驱动机构和控制系统等组成。

1）天窗组件由天窗框架、天窗玻璃、遮阳板、导流槽、排水槽等组成。

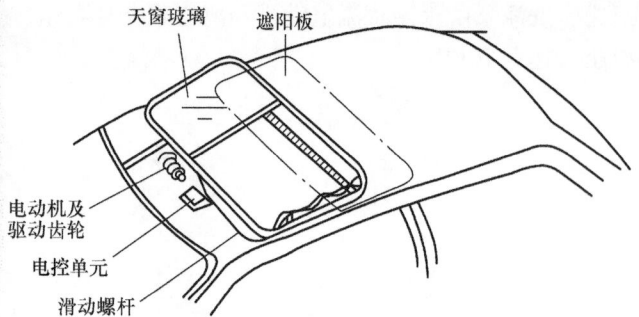

图 6-15  电动天窗

2）驱动机构主要由电动机、传动机构、滑动螺杆等组成，如图 6-16 所示，工作时电动机驱动传动机构，使天窗滑移开启或倾斜开启。驱动电动机正转使车顶玻璃向前滑动，反转使车顶玻璃向后滑动。

3）天窗控制系统主要由天窗控制开关、电控单元、继电器、限位开关等组成。天窗控制开关有滑动开启和倾斜开启两种功能。滑动开关有滑动打开、滑动关闭和断开三个位置；倾斜开关也有斜升、斜降和断开三个位

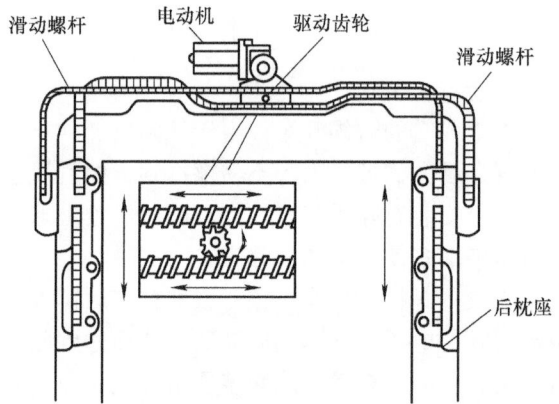

图 6-16  天窗驱动机构

置。电动天窗控制单元和中央控制器单元之间为电气相连，具有以下功能：通过中央门锁可方便地关闭电动车窗；点火开关关闭后或车门未开时，应具有上述功能。用车钥匙关闭电动车窗，必须在关闭所有车窗后将钥匙置于"中央门锁锁止"位置。如果所有车的车窗都关闭，车钥匙必须在"中央门锁锁止"的位置上保持 1s 以上。出于安全考虑，电动天窗不能由无线电遥控关闭。限位开关依靠凸轮来检测车顶玻璃所处位置。限位开关安装在车顶玻璃处全关闭位置前约 200mm 时停止的位置，车顶玻璃到达此位置便立即停止滑动。一旦松开限位开关或再次推动滑动开关时，车顶玻璃便会完全关闭。

## （二）单选题

1. （　　）可能发生在空调工作时。

A. 失速　　　　　　B. 加速　　　　　　C. 失速、加速均不对　　D. 失速、加速均正确

2. （　　）是用电磁控制金属膜片振动而发生的装置。

A. 电磁阀　　　B. 刮水器　　　　C. 风窗玻璃　　　　D. 电喇叭

3. （　　）同时起轮毂作用。

A. 前制动鼓　　　B. 前离合器　　　C. 后制动鼓　　　D. 以上均正确

4. 安全气囊传感器按结构可分为全机械式、（　　）和机电式三种类型。

A. 开关式　　　　B. 电子式　　　　C. 线性式　　　　D. 滑动电阻式

5. 安全气囊传感器按结构可分为全机械式、（　　）和电子式三种类型。

A. 开关式　　　　B. 机电式　　　　C. 线性式　　　　D. 滑动电阻式

6. 变速器输入轴、输出轴不得有裂纹，各轴颈磨损不得超过（　　）mm。

A. 0.01　　　　B. 0.02　　　　C. 0.03　　　　D. 0.06

7. 除霜热风出口位于（　　）。

A. 仪表台下方　　B. 仪表台上方　　C. 仪表台后方　　D. 变速杆前方

8. 打开鼓风机开关，只能在高速档位上运转，说明（　　）。

A. 鼓风机开关损坏　　　　　　B. 调速电阻损坏

C. 鼓风机损坏　　　　　　　　D. 供电断路

9. 打开空调开关时，鼓风机（　　）。

A. 不运转　　　　B. 低速运转　　　C. 高速运转　　　D. 不定时运转

10. 废气水暖式加热系统属于（　　）。

A. 余热加热式　　　　　　　　B. 独立热源加热式

C. 冷却水加热式　　　　　　　D. 火焰加热式

11. 风量、温度、压力和清洁度是空调系统的（　　）参数。

A. 质量　　　　B. 寿命　　　　C. 功能　　　　D. 诊断

12. 氟利昂 R12 是（　　）气体。

A. 有颜色、无气味　　　　　　B. 有颜色、有气味

C. 有气味、无颜色　　　　　　D. 无颜色、无气味

13. 防抱死控制系统工作不正常，可能是由于（　　）。

A. 制动拖滞　　　　　　　　　B. 制动跑偏

C. 制动抱死　　　　　　　　　D. 制动防抱死装置失效

14. 鼓风机不转会造成（　　）。

A. 不制冷　　　　B. 冷气量不足　　C. 系统太冷　　　D. 噪声大

15. 观察制冷系统玻璃处有气泡及雾状情况，低压表读数过低，膨胀阀发出噪声，说明（　　）。

A. 制冷剂不足　　B. 制冷剂过量　　C. 压缩机损坏　　D. 膨胀阀损坏

16. 恒温器调整的断开温度过低，会造成（　　）。

A. 冷气不足　　　B. 无冷气产生　　C. 间断制冷　　　D. 系统太冷

17. 加热器芯内部堵塞，会导致（　　）。

A. 暖气不足　　　B. 冷气不足　　　C. 不制冷　　　　D. 过热

18. 加压检漏法是先向制冷剂装置内充入（　　）的高压气体，然后再找出泄漏点。

A. 1kPa～2kPa　　B. 1MPa～2MPa　C. 3kPa～4kPa　　D. 3MPa～4MPa

19. 检修空调所使用的压力表歧管总成一共有（　　）块压力表。

A. 1　　　　B. 2　　　　C. 3　　　　D. 4

20. 开启灌装制冷剂，所使用的工具是（　　）。

A. 螺丝刀　　　　B. 扳手　　　　C. 开启阀　　　　D. 棘轮扳手

21. 空调是在封闭的空间内，对温度、（　　　）及洁净度进行调节的装置。

A. 湿度　　　　　B. 暖风　　　　　C. 室内　　　　　D. 气候

22. 空调系统吹风电动机松动或磨损会造成（　　　）。

A. 系统噪声大　　B. 系统太冷　　　C. 间断制冷　　　D. 无冷气产生

23. 空调系统外面空气管道打开，会造成（　　　）。

A. 无冷气产生　　B. 系统太冷　　　C. 间断制冷　　　D. 冷空气量不足

24. 空调压缩机油面太低，则系统出现（　　　）现象。

A. 冷气不足　　　B. 间断制冷　　　C. 不制冷　　　　D. 噪声大

25. 空调压缩机油与氟利昂 R12（　　　）。

A. 溶解度较大　　B. 溶解度较小　　C. 完全溶解　　　D. 互不溶解

26. 冷凝器周围空气不够会造成（　　　）。

A. 无冷气产生　　B. 冷空气不足　　C. 系统太冷　　　D. 间断制冷

27. 冷却水管堵塞，会造成（　　　）。

A. 不供暖　　　　B. 冷气不足　　　C. 不制冷　　　　D. 系统太冷

28. 离合器线圈短路或烧毁，会造成（　　　）。

A. 冷气不足　　　B. 间歇制冷　　　C. 过热　　　　　D. 不制冷

29. 连接空调管路时，应在接头和密封圈上涂上干净的（　　　）。

A. 煤油　　　　　B. 机油　　　　　C. 润滑脂　　　　D. 冷冻油

30. 连续踏动离合器踏板，在即将分离或接合的瞬间有异响，则为（　　　）。

A. 压盘与离合器盖连接松旷　　　　B. 轴承磨损严重

C. 摩擦片铆钉松动、外露　　　　　D. 中间传动轴后端螺母松动

31. 某变速驱动桥内的变速器油的颜色为深褐色，有烧焦的气味。技师 A 说可能是由于前行星轮机构的太阳轮磨损引起的。技师 B 说可能是离合器摩擦片磨损引起的。（　　　）。

A. 技师 A 说得对　　　　　　　　　B. 技师 B 说得对

C. 技师 A 和技师 B 说得都对　　　　D. 技师 A 和技师 B 说得都不对

32. 膨胀阀卡住在开启最大位置，会导致（　　　）。

A. 冷气不足　　　B. 系统太冷　　　C. 无冷气产生　　D. 间断制冷

33. 气暖式加热系统属于（　　　）。

A. 独立热源加热式　　　　　　　　B. 冷却水加热式

C. 余热加热式　　　　　　　　　　D. 火焰加热式

34. 汽车防盗装置的分类有（　　　）、电子式等类型。

A. 触摸式　　　　B. 按键式　　　　C. 电子钥匙式

35. 汽车车身一般包括车前、（　　　）、侧围、顶盖和后围等部件。

A. 车顶　　　　　B. 车后　　　　　C. 车底　　　　　D. 前围

36. 汽车的左右半轴应装入（　　　）内。

A. 轮毂　　　　　B. 车桥　　　　　C. 驱动桥　　　　D. 半轴套管

37. 汽车空调的诊断参数中没有（　　　）。

A. 风量　　　　　B. 温度　　　　　C. 湿度　　　　　D. 压力

38. 汽车空调的主要功能是调节空气的（　　　）。

A. 温度　　　　　　B. 湿度　　　　　　C. 沽净度　　　　　　D. 流速

39. 汽车暖风装置除能完成其主要功能外，还能起到（　　）。

A. 除湿　　　　　　B. 除霜　　　　　　C. 除尘　　　　　　D. 降低噪声

40. 汽车暖风装置的功能是向车内提供（　　）。

A. 冷气　　　　　　B. 暖气　　　　　　C. 新鲜空气　　　　　　D. 适宜气流的空气

41. 热交换器的冷却器根据冷却介质不同，可分为（　　）水冷式和冷媒式。

A. 蛇形管式　　　　B. 多管式　　　　　C. 油冷式　　　　　D. 风冷式

42. 热水开关关不死会造成（　　）。

A. 制冷剂泄漏　　　　　　　　　　B. 冷却水泄漏

C. 冷却油泄漏　　　　　　　　　　D. 以上均有可能

43. 水暖式加热系统属于（　　）。

A. 独立热源加热式　　　　　　　　B. 余热加热式

C. 废气加热式　　　　　　　　　　D. 火焰加热时

44. 天气寒冷时，向车内提供暖气，以提高车厢内温度的装置是（　　）。

A. 制冷装置　　　　B. 暖风装置　　　　C. 送风装置　　　　D. 加湿装置

45. 天气较热时，提供冷气，以降低车厢内温度的装置是（　　）。

A. 制冷装置　　　　B. 暖风装置　　　　C. 送风装置　　　　D. 加湿装置

46. 下列故障不是由于压缩机工作不良造成的是（　　）。

A. 失去制冷作用　　B. 冷空气量不足　　C. 系统太冷　　　　D. 系统噪声大

47. 不可能导致制动跑偏现象的原因是（　　）。

A. 转向节臂变形

B. 前轮左、右轮轮胎气压不一致

C. 转向性能良好

D. 一侧前轮制动器制动间隙过小或轮毂轴承过紧

48. 下列情况不会造成除霜时热风不足的是（　　）。

A. 除霜风门调整不当　　　　　　　B. 出风口堵塞

C. 供暖不足　　　　　　　　　　　D. 压缩机损坏

49. 下列情况不会造成空调系统漏水的是（　　）。

A. 加热器管损坏　　　　　　　　　B. 热水开关关不死

C. 冷凝器损坏　　　　　　　　　　D. 软管老化

50. 下列选项中导致空调系统漏水的原因是（　　）。

A. 冷凝器接头不牢　　　　　　　　B. 蒸发器接头不牢

C. 压缩机接头不牢　　　　　　　　D. 加热器接头不牢

51. 向车内提供新鲜空气和保持适宜气流的装置是（　　）。

A. 制冷装置　　　　B. 采暖装置　　　　C. 送风装置　　　　D. 净化装置

52. 压缩机电磁离合器前锁紧螺母的拧紧力矩为（　　）。

A. 20～30N·m　　B. 34～41N·m　　C. 50～60N·m　　D. 40～50N·m

53. 压缩机离合器线圈松脱或接触不良，会造成制冷系统（　　）。

A. 冷气不足　　　　B. 系统太冷　　　　C. 无冷气产生　　　　D. 间断制冷

54. 压缩机排量减小会导致（　　　）。

A. 不制冷　　　　　B. 间歇制冷　　　　　C. 供暖不足　　　　　D. 制冷量不足

55. 压缩机驱动带断裂，会造成（　　　）。

A. 冷气不足　　　　B. 系统太冷　　　　　C. 间断制冷　　　　　D. 不制冷

56. 用厚薄规检查电磁离合器四周边的空气间隙，应在（　　　）范围内。

A. 0.1~0.5mm　　　B. 0.2~0.8 mm　　　C. 0.4~0.8 mm　　　D. 0.6~1 mm

57. 用压缩空气吹入前离合器作用孔时，离合器发出"砰"的响声，则其工作性能（　　　）。

A. 不佳　　　　　　B. 损坏　　　　　　　C. 良好　　　　　　　D. 以上均正确

58. 用油尺检查压缩机冷冻油油量，油面应在（　　　）之间。

A. 1~2 格　　　　　B. 3~5 格　　　　　　C. 4~6 格　　　　　　D. 5~7 格

59. 用于连接制冷装置低压侧接口与低压表下的接口的软管颜色为（　　　）。

A. 蓝色　　　　　　B. 红色　　　　　　　C. 黄色　　　　　　　D. 绿色

60. 诊断与排除底盘异响需要（　　　）。

A. 一辆无故障的汽车　　　　　　　　　　B. 一辆有故障的汽车

C. 故障诊断仪　　　　　　　　　　　　　D. 解码仪

61. 蒸发器被灰尘异物堵住，会造成空调系统（　　　）。

A. 无冷气产生　　　B. 冷气量不足　　　　C. 系统太冷　　　　　D. 间断制冷

62. 蒸发器控制阀损坏或调节不当，会造成（　　　）。

A. 冷空气不足　　　B. 系统太冷　　　　　C. 系统噪声大　　　　D. 操纵失灵

63. 制动主缸皮碗发胀，回位弹簧过软，致使皮碗堵住旁通孔不能回油会导致（　　　）。

A. 制动跑偏　　　　B. 制动抱死　　　　　C. 制动拖滞　　　　　D. 制动失效

64. 制冷剂装置的检漏方法中，检测灵敏度最高的是（　　　）。

A. 肥皂水检漏法　　　　　　　　　　　　B. 卤素灯检漏法

C. 电子检漏仪检漏法　　　　　　　　　　D. 加压检漏法

65. 制冷剂装置的检漏方法中，最简单易行的方法是（　　　）。

A. 肥皂水检漏法　　　　　　　　　　　　B. 卤素灯检漏法

C. 电子检漏仪检漏法　　　　　　　　　　D. 加压检漏法

66. 制冷系统高压侧压力过高，且膨胀阀发出噪声，说明（　　　）。

A. 系统中有空气　　　　　　　　　　　　B. 系统中有水汽

C. 制冷剂不足　　　　　　　　　　　　　D. 干燥罐堵塞

67. 制冷系统工作时发出噪声，高低压表读数过高，说明（　　　）。

A. 制冷剂不足　　　B. 制冷剂过量　　　　C. 压缩机损坏　　　　D. 膨胀阀损坏

68. 制冷系统中有水蒸气，会引起（　　　）发出噪声。

A. 压缩机　　　　　B. 蒸发器　　　　　　C. 冷凝器　　　　　　D. 膨胀阀

69. 制冷系统中有水蒸气，引起部位间断结冰，会造成（　　　）。

A. 无冷气产生　　　B. 冷气不足　　　　　C. 间断制冷　　　　　D. 系统太冷

70. 制冷装置在拆卸调换部件时，在充注制冷剂之前必须（　　　）。

A. 清洗　　　　　　B. 加压　　　　　　　C. 抽空　　　　　　　D. 加油

## （三）判断题

（　　） 1. 安全气囊传感器按结构可分为开关式、线性式和电子式三种类型。

（　　） 2. 安装电磁离合器时，若空气间隙不合适时，应根据需要增减垫片。

（　　） 3. 不同地区、不同气候条件，可采用单一采暖或单一冷气功能的空调。

（　　） 4. 采用加压检漏法时，严禁使用可燃气体。

（　　） 5. 除湿加热装置用以保持车内温度适宜。

（　　） 6. 打开或松开制冷装置连接管接头，可将制冷剂迅速排放。

（　　） 7. 独立热源式加热系统可分为独立热源气暖式和独立热源水暖式。

（　　） 8. 氟利昂 R12 无色无味，容易使人中毒。

（　　） 9. 刮水器用来清除风窗玻璃上的雨水、雪或尘土，确保驾驶人能有良好的视线。

（　　） 10. 衡量汽车空调质量的指标主要有风量、温度、压力和清洁度。

（　　） 11. 加热器漏水会导致加热器产生异味。

（　　） 12. 加热器芯表面气流受阻会导致供暖暖气不足。

（　　） 13. 间歇制冷会导致输出冷气时有时无。

（　　） 14. 空调是在封闭的空间内对暖风、温度及洁净度进行调节的装置。

（　　） 15. 冷凝器风扇不转，会导致制冷系统高压侧压力变低。

（　　） 16. 汽车防盗装置可分为按键式、电子钥匙式。

（　　） 17. 汽车防盗装置可分为触摸式、电子式。

（　　） 18. 手动空调系统的故障现象有制冷异常、噪声大、鼓风机不转和操纵失灵等。

（　　） 19. 维修空调系统应准备带有空调的汽车一台。

（　　） 20. 温度、湿度、流速和清洁度是汽车空调的诊断参数。

（　　） 21. 压缩机传动带轮转动，而压缩机轴不转，说明电磁离合器损坏。

（　　） 22. 移动式空调维修盒是一个可移动的组合体，具有较全面的维修功能。

（　　） 23. 蒸发器被灰尘等异物堵住，不会影响制冷系统工作。

（　　） 24. 制冷剂不足是由于泄漏所致，将制冷剂补足即可。

（　　） 25. 制冷剂管道破裂，系统将失去制冷作用。

（　　） 26. 制冷剂系统中有气泡产生，说明制冷剂不足。

（　　） 27. 制冷系统有空气，高压侧压力要比正常值低。

（　　） 28. 制冷系统有水蒸气，高压侧压力会过高。

# 七、汽车电控发动机系统

## （一）汽车电控发动机系统知识

### 1. 汽油机电子控制技术发展史

为适应降低汽油机燃油消耗和有害物排放量的要求，汽油机燃油供给技术经历了从机械控制汽油喷射到现在的发动机集中管理系统，以及目前正在迅猛发展的缸内直喷技术。

1934年，德国怀特兄弟发明了向发动机进气管内连续喷射汽油来配制混合气的技术。

1952年，德国博世公司研制成功第一台机械控制缸内喷射汽油机。

1953年，美国本迪克斯公司开始研制由真空管电子控制系统控制的汽油喷射装置，并在1957年研制成功。

1958年，德国博世公司研制成功机械控制进气管喷射汽油机。

1967年，德国博世公司根据美国本迪克斯公司的专利技术，开始批量生产利用进气歧管绝对压力信号和模拟式计算机来控制发动机空燃比的D型燃油喷射系统（D - Jetronic）。

1973年，德国博世公司在D型燃油喷射系统（D - Jetronic）的基础上，改进研发出L型燃油喷射系统（L - Jetronic）。

1973~1974年，美国通用汽车公司生产的汽车装上了集成电路点火控制器。

1976年，美国克莱斯勒汽车公司研制成功微机控制点火系统，取名为"电子式稀混合气燃烧系统"。

1977年，美国通用汽车公司研制成功数字式点火控制系统。

1979年，德国博世公司开发出M - Motronic系统，即发动机集中管理系统。

1979年，日本日产汽车公司研制成功集点火时刻控制、空燃比控制、废气再循环控制和怠速转速控制与一体的发动机集中控制系统。

1980年，日本丰田公司开发出具有汽油喷射控制、点火控制、怠速转速和故障自诊断功能的丰田计算机控制系统。

1981年，德国博世公司开发出LH - Jetronic系统。

1987~1989年，德国博世公司开发出电控单点汽油喷射系统。

1995年，日本三菱汽车公司公布了电控缸内直喷汽油机。2001年，大众/奥迪集团研制出独有的FSI（Fuel Stratified Injection）缸内直喷系统。

1994年，上海大众推出采用D - Jetronic电控汽油喷射系统的桑塔纳2000型轿车。2000年，我国政府规定：5座以下的化油器式发动机汽车自2001年1月1日起停止生产。

### 2. 柴油机电子控制技术发展史

20世纪70年代典型的产品有德国博世公司的电控VE分配泵、日本Zexel公司的电控系统。

20 世纪 80 年代基于时间控制方式的新型电控喷油泵和高压喷射系统的开发取得了巨大成功。典型产品有第二代电控 VE 分配泵的 ECD－Ⅱ；德国博世公司可变预行程直列柱塞式电控喷油泵。

**3. 发动机电控技术发展趋势**

1）喷油规律的控制。

2）混合气浓度分布控制。

3）输出转矩控制。

4）可变 EGR 控制。

**4. 发动机电子控制系统的组成**

就总体结构而言，发动机电子控制系统都是由传感器、电控单元（Electronic Control U-nit，简称 ECU）和执行器三部分组成。

桑塔纳 2000GSi、3000 型轿车发动机电子控制系统的传感器有空气流量传感器、曲轴位置传感器、凸轮轴位置传感器、怠速节气门位置传感器和节气门位置传感器（两个传感器与节气门控制组件制成一体）、冷却液温度传感器、进气温度传感器、氧传感器、爆燃传感器和车速传感器。

发动机电控单元（ECU）除了接收上述传感器输送的信号外，还要接收点火起动开关、空调开关、怠速开关、电源电压以及空档安全开关（对装有自动变速器的汽车而言）信号，以便判断汽车运行状态并采取相应的控制措施。

桑塔纳 2000GSi、3000 型轿车发动机电子控制系统的执行器有电动燃油泵、电磁喷油器、怠速控制电动机（在节气门控制组件内），活性炭罐电磁阀、点火控制器和点火线圈。

发动机上不同的执行器完成不同的控制功能。一个执行器和若干个传感器组合起来，构成了发动机电子控制系统中一个子系统，有的子系统同时具有多种控制功能。这些子系统有燃油喷射控制系统、微机控制点火系统、空燃比反馈控制系统、怠速控制系统、燃油蒸气回收系统、发动机爆燃控制系统、超速断油控制系统、减速断油控制系统、溢流清除控制系统、故障自诊断系统等。

**5. 按喷油器的喷射部位分类**

按喷油器喷射燃油的部位不同，汽油机燃油喷射系统可分为进气管喷射系统和缸内喷射系统两种类型。其中进气管喷射又可分为单点喷射（SPI、TBI 或 CFI）和多点喷射（MPI）两种类型，多点喷射又可分为压力型（即 D 型）和流量型（即 L 型）多点喷射系统两种类型。

（1）进气管喷射系统

对于进气管喷射系统，按喷油器的安装部位不同，又分为单点喷射系统和多点喷射系统。

1）单点喷射系统（Single－Point Fuel Injection System，缩写为 SPFI 或 SPI）也称节气门体喷射或集中喷射系统，是指在多缸发动机节流阀体（即节气门体）的节气门上方安装一支或并列安装两支喷油器的燃油喷射系统。

2）多点喷射系统（Multi－Point Fuel Injection System，缩写为 MPFI 或 MPI）是指在发动机每个气缸进气门前方的进气歧管上均设计安装一支喷油器的燃油喷射系统。发动机工作时，燃油适时喷在进气门附近的进气歧管内，空气与燃油在进气门附近混合，使各个汽缸都能得到混合均匀的混合气。

（2）缸内喷射系统

缸内喷射系统又称为缸内直接喷射系统，其主要特点是：喷油器安装在气缸盖上，喷油器以较高的燃油压力（3~4MPa）把汽油直接喷入发动机气缸内，并与空气混合形成可燃混合气。

目前，大众、宝马、奔驰、通用以及丰田等公司都已经开始使用缸内喷射系统。

**6. 按喷油器喷射方式分类**

按喷油器喷射方式分类，汽油机燃油喷射系统可以分为连续喷射系统和间歇喷射系统两种类型。

（1）连续喷射系统

连续喷射系统是指在发动机运行期间，喷油器连续不断地喷射燃油的燃油喷射系统。

（2）间歇喷射系统

间歇喷射系统是指在发动机运转期间，喷油器间歇喷射燃油的燃油喷射系统。间歇喷射系统按照各缸喷油器的喷油时序不同，分为同时喷射、分组喷射和顺序喷射三种方式。

1）同时喷射是指各缸喷油器开始喷油和停止喷油的时刻完全相同。一般发动机曲轴每转1圈，各缸喷油器同时喷油1次，发动机1个工作循环所需的油量，分两次喷入进气管。

2）分组喷射是指把发动机所有汽缸分成2组（4缸机）或3组（6缸机），ECU用2个或3个控制电路控制各组喷油器。发动机工作期间，各组喷油器依次交替喷射，每个工作循环各组喷油器都喷射1次或2次。

3）顺序喷射又称次序喷射，是指在发动机运行期间，喷油器按各缸的工作顺序，依次把汽油喷入各缸的进气歧管。发动机曲轴每转2圈，各缸喷油器轮流喷油1次。

**7. 按喷射系统的控制方式分类**

按汽油喷射系统的控制方式不同，汽油机燃油喷射系统可分成机械控制式汽油喷射系统、机电结合式汽油喷射系统和电子控制式汽油喷射系统。

（1）机械控制式汽油喷射系统

机械控制式汽油喷射系统是指利用机械机构实现燃油连续喷射的汽油喷射系统。

（2）电子控制式汽油喷射系统

电子控制式汽油喷射系统是指由电控单元直接控制燃油喷射的系统。现代电喷汽油机已全部采用电子控制式汽油喷射系统，但汽油机电控系统发展的初期，都是仅具有单一电控汽油喷射控制功能，现已全部被发动机集中管理系统所代替。

发动机集中管理系统由德国博世公司于1979年首先推出，称为Motronic系统，该系统是一个集汽油喷射控制、点火控制和空燃比反馈控制等多项控制功能于一体的电控系统。

现代汽油机发动机集中管理系统的基本控制除了以上三项外，还增加了怠速控制、活性炭罐清洗控制、故障自诊断和带故障运行等基本控制功能。此外，根据需要配置相关的装置和系统，还能增加废气再循环控制、二次空气喷射控制、进气谐振增压控制、进气涡流控制、配气定时控制等控制内容和功能。

**8. 按进气量测量方式分类**

按空气量测量方式分类，可分为间接测量方式汽油喷射系统和直接测量方式汽油喷射系统两类。

（1）间接测量方式汽油喷射系统

ECU 通过测量发动机转速、节气门开度或进气歧管压力，计算出发动机吸入的空气量。按所需测量的参数分类，可分为节流－速度方式和速度－密度方式两种。

1）节流－速度方式是指 ECU 通过测量节气门开度和发动机转速，根据节气门开度、发动机转速和发动机进气量的关系，计算出每一循环进入气缸的空气量，从而确定循环基本喷油量。

2）速度－密度方式是指 ECU 通过测量进气歧管压力和发动机转速，根据进气歧管压力、发动机转速和发动机进气量的关系，计算出每一循环进入气缸的空气量，从而确定循环基本喷油量。

（2）直接测量方式汽油喷射系统

直接测量方式采用空气流量传感器直接测量发动机单位时间吸入的空气量，ECU 根据流量传感器测出的空气流量和发动机的转速，计算出每一工作循环发动机吸入的空气量，从而确定循环基本喷油量。对于直接测量方式，按测出的是空气的体积流量，还是质量流量，可分为体积流量方式和质量流量方式。

1）体积流量方式采用翼片式空气流量传感器或卡门旋涡式空气流量传感器，测量发动机单位时间吸入的空气体积。

2）质量流量方式利用热线式或热膜式空气流量传感器，测量发动机单位时间吸入的空气质量。

**9. 节气门位置传感器的结构与工作原理**

常见的节气门位置传感器有触点式、可变电阻式、触点与可变电阻结合式三种。

（1）触点式节气门位置传感器

触点式节气门位置传感器由转盘、活动触点、怠速触点、全开触点（功率触点）等组成。

在某些装备自动变速器的轿车上，采用多触点式节气门位置传感器，触点数目多，能更精确地反映发动机负荷的变化，更准确地控制自动变速器的换档时刻和变矩器锁止离合器的锁止时刻。

（2）可变电阻式节气门位置传感器

可变电阻式节气门位置传感器由滑动电刷、电阻片等组成。

（3）触点与可变电阻结合式节气门位置传感器

为使 ECU 得到准确的节气门怠速位置信号，在可变电阻式节气门位置传感器的基础上增设了一个怠速触点，形成触点与可变电阻结合式节气门位置传感器。

**10. 节气门位置传感器的工作电路**

节气门位置传感器的形式不同，其工作电路也有所不同。

**11. 温度传感器**

温度传感器按结构与物理性能不同可分为：热敏电阻式、双金属片式、热敏铁氧体式、蜡式等。双金属片式和蜡式温度传感器属于结构型传感器，热敏电阻式和热敏铁氧体式温度传感器属于物性（物理性能）型传感器。现代汽车广泛采用热敏电阻式温度传感器。

根据特性不同，热敏电阻可分为正温度系数热敏电阻、负温度系数热敏电阻、临界温度热敏电阻。

（1）冷却液温度传感器

冷却液温度传感器的作用是把冷却液温度转换为电信号。该信号输入 ECU 后用于：

1）修正喷油量。

2）修正点火提前角。

3）冷起动时决定喷油量。

4）影响怠速控制阀动作。

5）影响怠速断油。

6）影响废气再循环（EGR）。

冷却液温度传感器的主要元件是负温度系数的热敏电阻。

（2）进气温度传感器

进气温度传感器的结构、工作原理与冷却液温度传感器相同，都是采用负温度系数的热敏电阻。

进气温度传感器的检测可参照冷却液温度传感器的检测方法进行。

**12. 氧传感器**

氧传感器的作用就是把排气中氧气的浓度转换为电压信号，ECU 根据氧传感器输入的信号判断混合气的浓度，进而修正喷油量。

氧传感器根据内部敏感材料不同分为氧化锆式和氧化钛式两种。氧化锆式氧传感器又分为加热型和非加热型两种，氧化钛式氧传感器一般都是加热型传感器。

1）氧化锆式氧传感器

氧化锆式氧传感器主要由锆管、电极、电极引线、金属保护套（管）、加热元件（仅指加热式氧传感器）、线束插接器等组成。

发动机运转时，排气管内的废气从锆管外电极表面的陶瓷层渗入，与外电极接触，内电极与大气接触。锆管内、外侧存在氧浓度差，使氧化锆电解质内部氧离子开始向外电极扩散，扩散的结果是在内、外电极之间产生电位差，形成了一个微电池。其外电极为锆管负极，内电极为锆管正极。

如果没有外电极（铂）的催化作用使锆管外侧的氧离子浓度急剧减小到零，那么在浓混合气时就不会有接近 1.0V 的电压信号，传感器的输出信号也不会在混合气由浓变稀时出现跃变现象，这正是使用铂电极的另一个重要因素。

氧化锆式氧传感器的工作状态与工作温度有密切的关系。

2）氧化钛式氧传感器

氧化钛式氧传感器的材料是二氧化钛（$TiO_2$）。二氧化钛在常温下的电阻值是稳定的，但当其表面缺氧时，其内部晶格会出现缺陷，电阻会大大降低。

**13. 氧传感器的工作电路**

加热式氧传感器除去非加热式氧传感器的两条连接导线外，还有两条导线：一条是加热器的搭铁线，另一条是通过 ECU 主继电器供给加热器的电源线。

**14. 氧传感器的故障**

氧传感器常见的故障有：氧传感器老化、氧传感器中毒、氧传感器破裂、氧传感器内部电热元件损坏、导线断开、氧传感器信号不正确等，其中传感元件老化和中毒是氧传感器失效的主要原因。氧传感器的传感元件受到污染而失效的现象称为氧传感器中毒，氧传感器中毒主要是指铅中毒、硅中毒和磷中毒。

（1）氧传感器老化

氧传感器老化的主要原因是传感元件局部表面温度过高。

（2）铅中毒

铅中毒是指燃油或润滑油添加剂中的铅离子与氧传感器的铂电极发生化学反应，导致催化剂铂的催化性能降低的现象。

（3）硅中毒

硅中毒是指硅离子与氧传感器的铂电极发生化学反应而导致催化剂铂的催化性能下降的现象。

（4）磷中毒

磷中毒是指各种磷化物污染氧传感器的现象。

由于在汽车发动机上不可避免地存在铅离子、硅离子、磷离子，氧传感器必须安装在排气管上且必须在高温环境下工作，因此传感器（氧化锆式或氧化钛式）中传感元件的中毒和老化也都是不可避免的，所以，氧传感器应当按规定的行驶里程（一般为 8 万 km）进行更换。

**15. 爆燃传感器**

爆燃传感器的作用是把发动机爆燃信号转换为电信号输入至发动机 ECU，用于控制点火提前角，使发动机在最接近爆燃的时刻点火。

检测发动机爆燃的方法有三种：检测发动机燃烧室压力、检测发动机缸体振动、检测燃烧噪声。

（1）爆燃传感器的结构与工作原理

爆燃传感器按检测方式不同可分为共振型与非共振型两种；按结构不同可分为磁致伸缩式和压电式两种。

1）磁致伸缩式爆燃传感器属于共振型传感器。磁致伸缩式爆燃传感器主要由感应线圈、铁心、永久磁铁和传感器外壳等组成。

2）压电式爆燃传感器是利用压电效应制成的。压电效应是指某些晶体（如石英、压电陶瓷等）在某个方向受压（或受拉）产生变形时，在晶体内部产生极化现象，并在其两个表面出现异性电荷；当去掉外力后，又重新回到不带电的状态，这种现象就称为压电效应。

压电式爆燃传感器按检测缸体振动频率的方式不同，又可分为共振型与非共振型。

① 共振型爆燃传感器的主要元件是压电元件与振荡片。

共振型爆燃传感器输出的信号电压高，不需要专门的滤波器，信号处理比较方便。但由于共振型爆燃传感器的共振频率必须与发动机燃烧时的爆燃频率匹配（即产生共振），因此共振型爆燃传感器只能用于指定型号的发动机（因为各种发动机有自己特定的共振频率），互换性差。

② 非共振型压电式爆燃传感器的主要元件是惯性配重和压电陶瓷元件。

非共振型压电式爆燃传感器是以接收加速度信号的形式来判断爆燃是否产生。配重将振动引起的加速度转换成作用于压电元件上的压力。

非共振型爆燃传感器输出的信号电压小、平缓，必须将输出信号输送至带通滤波器中，判断爆燃是否发生。带通滤波器一般由线圈和电容器组成，它只允许特定频带的信号通过，对其他频带的信号进行衰减。

非共振型爆燃传感器的适用范围广，当用在不同类型的发动机上时，只需将带通滤波器的过滤频率进行调整即可，无需更换传感器，这是非共振型爆燃传感器的优点。

（2）爆燃传感器的工作电路

桑塔纳2000GSi轿车（AJR发动机）上每2个气缸共用一个压电式爆燃传感器，1、2缸共用一个传感器，安装在气缸体进气管侧1、2缸之间，3、4缸共用一个传感器，安装在气缸体进气管侧3、4缸之间。2个传感器的屏蔽线直接搭铁。

## （二）单选题

1.（　　）常用人工经验诊断方法。

A. EFI

B. 化油器式发动机

C. EFI、化油器式发动机均对

D. EFI、化油器式发动机均不正确

2.（　　）故障，可以模拟故障征兆来判断故障部位。

A. 偶发　　　　B. 继发　　　　C. 偶发、继发均对　　D. 偶发、继发均不正确

3.（　　）是汽车发动机不能起动的主要原因。

A. 油路不过油

B. 混合气过稀或过浓

C. 点火过迟

D. 点火过早

4.（　　）是汽油发动机热车起动困难的主要原因。

A. 混合气过稀　　B. 混合气过浓　　C. 油路不畅　　　　D. 点火错乱

5.（　　）属于压燃式发动机。

A. 汽油机

B. 煤气机

C. 柴油机

D. 汽油机、煤气机、柴油机均不对

6.（　　）运转时，产生加速敲缸，视为爆燃。

A. 底盘

B. 发动机

C. 电器

D. 底盘、发动机、电器均正确

7. EFI主继电器电源失效，会造成（　　）。

A. 不能制动

B. 不能转向

C. 发动机不能起动

D. 不能制动、不能转向、发动机不能起动均正确

8. QFC-4型测功仪是检测发动机（　　）的测功仪器。

A. 无负荷　　　　B. 有负荷　　　　C. 大负荷　　　　D. 加速负荷

9. QFC-4型微电脑发动机综合分析仪可判断柴油机（　　）。

A. 喷油状况　　B. 燃烧状况　　C. 混合气形成状况　D. 排气状况

10. QFC-4型微电脑发动机综合分析仪可判断汽油机（　　）。

A. 汽缸压力　　B. 燃烧状况　　C. 混合气形成状况　D. 排气状况

11. 安装AJR型发动机活塞环时，其开口应错开（　　）。

A. 90°　　　　　B. 100°　　　　C. 120°　　　　D. 180°

12. 安装发动机扭曲环时内圆切口应（　　）。

A. 向上　　　　B. 向下　　　　C. 内　　　　　D. 外

13. 安装好 AJR 型发动机凸轮轴后，发动机在（　　）min 之内不得起动。
A. 20　　　　B. 30　　　　C. 40　　　　D. 50

14. 安装活塞销时，先将活塞置于水中加热到（　　）℃取出。
A. 50～60　　B. 60～80　　C. 80～90　　D. 50～80

15. 安装桑塔纳 2000 型轿车（AFE 型发动机）正时同步带，应使凸轮轴齿轮标记与（　　）平面标记对齐。
A. 曲轴齿轮　　B. 气门室罩盖　　C. V 带轮盘　　D. 齿带张紧轮

16. 奥迪 A6 发动机曲轴径向间隙可用（　　）进行检测。
A. 百分表　　B. 千分尺　　C. 游标卡尺　　D. 塑料塞尺

17. 不分光红外线气体分析仪，对（　　）气体浓度进行连续测量。
A. HC　　B. $CO_2$　　C. $NO_X$　　D. $NO_2$

18. 不分光红外线气体分析仪，对（　　）气体浓度进行连续测量。
A. $O_2$　　B. $CO_2$　　C. $NO_X$　　D. CO

19. 柴油发动机喷油器在调试前，应做好（　　）使用准备工作。
A. 喷油泵试验台　　B. 喷油器试验台　　C. 喷油器清洗器　　D. 压力表

20. 柴油发动机起动困难现象表现为：利用起动机起动时（　　）；排气管没有烟排出。
A. 听不到爆发声　　　　B. 可听到不连续的爆发声
C. 发动机运转不均匀　　D. 发动机运转无力

21. 柴油发动机燃油油耗超标的原因是（　　）。
A. 配气相位失准　　B. 气缸压力低　　C. 喷油器调整不当　　D. 机油变质

22. 柴油发动机燃油油耗超标的原因是（　　）。
A. 配气相位失准　　B. 进气不畅　　C. 气缸压力低　　D. 机油变质

23. 柴油发动机燃油油耗超标的原因是（　　）。
A. 发动机超速、超负荷工作　　B. 配气相位失准
C. 气缸压力低　　　　　　　　D. 机油变质

24. 柴油机动力不足，可在发动机运转中运用（　　），观察发动机转速变化，找出故障缸。
A. 多缸断油法　　B. 单缸断油法　　C. 多缸断火法　　D. 单缸断火法

25. 柴油机动力不足，这种故障往往伴随着（　　）。
A. 气缸敲击声　　B. 气门敲击声　　C. 排气烟色不正常　　D. 排气烟色正常

26. 柴油机排出的有害物质主要有（　　）。
A. 炭烟　　B. $CO_2$　　C. CO　　D. $N_2$

27. 柴油机起动困难，应从（　　）、燃油雾化、压缩终了时的气缸压力温度等方面找原因。
A. 喷油时刻　　B. 手油泵　　C. 燃油输送　　D. 喷油泵驱动联轴器

28. 柴油机起动困难，应从喷油时刻、（　　）、压缩终了时的气缸压力温度等方面找原因。
A. 燃油雾化　　B. 手油泵　　C. 燃油输送　　D. 喷油泵驱动联轴器

29. 柴油机起动困难，应从喷油时刻、燃油雾化、（　　）等方面找原因。

A. 压缩终了时的气缸压力温度　　　　　B. 手油泵

C. 燃油输送　　　　　　　　　　　　　D. 喷油驱动联轴器

30. 柴油机起动时排气管冒白烟，其故障原因是（　　　）。

A. 燃油箱无油或存油不足　　　　　　　B. 柴油滤清器堵塞

C. 高压油管有空气　　　　　　　　　　D. 燃油中有水

31. 当发动机曲轴中心线弯曲大于（　　　）mm 时，须对曲轴加以校正。

A. 0.1　　　　　B. 0.05　　　　　C. 0.025　　　　　D. 0.015

32. 德国奔驰轿车采用下列（　　　）项方法调整气门间隙。

A. 两次调整法　　B. 逐缸调整法　　C. 垫片调整法　　D. 不用调整

33. 电控发动机怠速不平稳原因有进气管真空渗漏和（　　　）等。

A. 电动汽油泵不工作　　　　　　　　　B. 曲轴位置传感器失效

C. 点火正时失准　　　　　　　　　　　D. 爆燃传感器失效

34. 电控发动机怠速不稳的原因是（　　　）。

A. 节气门位置传感器失效　　　　　　　B. 曲轴位置传感器失效

C. 点火正时失准　　　　　　　　　　　D. 氧传感器失效

35. 电控发动机怠速不稳的原因是（　　　）。

A. 节气门位置传感器失效　　　　　　　B. 曲轴位置传感器失效

C. 凸轮轴位置传感器失效　　　　　　　D. 氧传感器失效

36. 电控发动机工作不稳的原因是（　　　）。

A. 喷油器不工作　　　　　　　　　　　B. 线路接触不良

C. 点火正时失准　　　　　　　　　　　D. 曲轴位置传感器失效

37. 电控发动机故障诊断原则，包括（　　　）。

A. 先繁后简　　　　　　　　　　　　　B. 先简后繁

C. 先繁后简、先简后繁均不对　　　　　D. 先繁后简、先简后繁均正确

38. 电控发动机故障征兆模拟试验法包括（　　　）。

A. 专用诊断仪器诊断　　　　　　　　　B. 随车故障自诊断

C. 简单仪表诊断　　　　　　　　　　　D. 加热法

39. 电控发动机加速无力，且无故障码，若检查进气管道真空正常则下一步检查（　　　）。

A. 喷油器　　　　　B. 点火正时　　　　　C. 燃油压力　　　　　D. 可变电阻

40. 电控发动机加速无力故障原因（　　　）。

A. 燃油压力调节器失效　　　　　　　　B. 曲轴位置传感器失效

C. 凸轮轴位置传感器失效　　　　　　　D. 氧传感器不稳

41. 电控发动机消声器放炮故障现象（　　　）。

A. 发动机怠速不平稳，且易熄火　　　　B. 加速时发动机消声器有"放炮"声

C. 发动机工作时好时坏　　　　　　　　D. 燃油消耗量过大

42. 电控发动机运转不稳故障原因有（　　　）。

A. 进气压力传感器失效　　　　　　　　B. 曲轴位置传感器失效

C. 凸轮轴位置传感器失效　　　　　　　D. 氧传感器失效

43. 电控发动机诊断的基本方法有（    ）。

A. 水淋法　　　B. 随车故障自诊断　　　C. 振动法　　　D. 加热法

44. 电控汽车驾驶性能不良，可能是（    ）。

A. 混合气过浓　B. 消声器失效　　　C. 爆燃

D. 混合气过浓、消声器失效、爆燃均正确

45. 对于二冲程发动机，气缸完成一个工作循环活塞往复运动（    ）个行程。

A. 1　　　　B. 2　　　　C. 3　　　　D. 4

46. 对于活塞往复式四冲程发动机，完成一个工作循环曲轴转动（    ）圈。

A. 1/2　　　　B. 1　　　　C. 2　　　　D. 4

47. 对于配气相位的检查，以下说法正确的是（    ）。

A. 应该在气门间隙调整前检查　　　B. 应该在气门间隙调整后检查

C. 应该在气门间隙调整过程中检查　　　D. 无具体要求

48. 对于受力不大、工作温度低于100℃的部位的气缸盖裂纹大部分可以采用（    ）修复。

A. 粘接法　　　B. 磨削法　　　C. 焊修法　　　D. 堵漏法

49. 对于铸铁或铝合金气缸体所出现的裂纹、砂眼最好用（    ）修复。

A. 粘接法　　　B. 磨削法　　　C. 焊修法　　　D. 堵漏法

50. 发电机就车测试时，起动发动机，使发动机保持在（    ）运转。

A. 800r/min　　B. 1000r/min　　C. 1500r/min　　D. 2000r/min

51. 发动机（    ）起动，是由EFI主继电器电源失效造成的。

A. 正常　　　B. 不能　　　C. 勉强

D. 正常、不能、勉强均正确

52. 发动机（    ）运转时，转速忽高忽低，认为是发动机工作不稳。

A. 正常　　　B. 急速　　　C. 高速

D. 正常、急速、高速均正确

53. 发动机不能起动，可能是（    ）。

A. EFI主继电器电源失效　　　B. EFI主继电器电源正常

C. EFI主继电器电源失效、EFI主继电器电源正常均对

D. EFI主继电器电源失效、EFI主继电器电源正常均不正确

54. 发动机产生爆燃的原因是（    ）。

A. 压缩比过小　B. 辛烷值过低　　　C. 点火过早　　　D. 发动机温度过低

55. 发动机急速运转，离合器在分离、接合或汽车起步等不同时刻出现异响，其原因可能是（    ）。

A. 传动轴万向节叉损坏　　　B. 万向节轴承壳压得过紧

C. 分离轴承缺少润滑油或损坏　　　D. 中间轴、第二轴弯曲

56. 发动机急速运转不好，可能（    ）。

A. 急速过高　　　B. 急速过低

C. 急速过高、急速过低均对　　　D. 急速过高、急速过低均不正确

57. 发动机急速运转不好，可能（    ）运转不良。

A. 中速　　　　B. 高速　　　　　　　C. 低速

D. 中速、高速、低速均正确

58. 发动机怠速运转时，踏下离合器踏板少许，若此时发响，则为（　　）。

A. 分离套筒缺油或损坏　　　　　　B. 分离轴承缺油或损坏

C. 踏板自由行程过小　　　　　　　D. 踏板自由行程过大

59. 发动机的缸体曲轴箱组包括气缸体、下曲轴箱、（　　）、气缸盖和气缸垫等。

A. 上曲轴箱　　B. 活塞　　　　　C. 连杆　　　　　D. 曲轴

60. 发动机电子控制系统故障诊断目前常用的方法有（　　）和利用诊断仪器进行诊断。

A. 人工诊断　　B. 读取故障码　　　C. 经验诊断　　　D. 自诊断

61. 发动机缸套镗削后，还必须进行（　　）。

A. 光磨　　　　B. 桁磨　　　　　C. 研磨　　　　　D. 铰磨

62. 发动机缸体裂纹修复方法中，变形量最小的是（　　）。

A. 粘接法　　　B. 磨削法　　　　C. 焊修法　　　　D. 堵漏法

63. 发动机过热的原因是（　　）。

A. 百叶窗卡死在全开位置　　　　　B. 节温器未装或失效

C. 水温表或传感器有故障　　　　　D. 喷油或点火时间过迟

64. 发动机过热的原因是（　　）。

A. 冷却液不足　　　　　　　　　　B. 节温器未装或失效

C. 水温表或传感器有故障　　　　　D. 百叶窗卡死在全开位置

65. 发动机活塞环侧隙检查可用（　　）。

A. 百分表　　　B. 卡尺　　　　　C. 塞尺　　　　　D. 千分尺

66. 发动机活塞敲缸异响发出的声音是（　　）声。

A. "当当"　　　B. "啪啪"　　　　C. "嗒嗒"　　　　D. "噗噗"

67. 发动机活塞销异响的原因（　　）。

A. 活塞销与活塞上的销座孔配合松旷　B. 连杆弯曲、扭曲变形

C. 连杆轴承盖的连接螺纹松动　　　D. 活塞销质量差

68. 发动机活塞销异响是一种（　　）的响声。

A. 无节奏　　　　　　　　　　　　B. 浑浊的有节奏

C. 钝哑无节奏　　　　　　　　　　D. 有节奏的"嗒嗒"

69. 发动机机油消耗超标的原因是（　　）。

A. 机油黏度过大　　　　　　　　　B. 机油道堵塞

C. 机油漏损　　　　　　　　　　　D. 机油压力表或传感器有故障

70. 发动机加速发闷，转速不易提高的原因是（　　）。

A. 火花塞间隙不符合标准　　　　　B. 少数气缸不工作

C. 空气滤清器堵塞　　　　　　　　D. 排气系统阻塞

71. 发动机节温器失效，会造成（　　）。

A. 冷气不足　　B. 暖气不足　　　C. 不制冷　　　　D. 过热

72. 发动机连杆的修理技术标准为连杆在100mm长度上弯曲值应不大于（　　）mm。

A. 0.01          B. 0.03          C. 0.5          D. 0.8

73. 发动机连杆轴承轴向间隙使用极限为（　　）mm。

A. 0.4          B. 0.5          C. 0.3          D. 0.6

74. 发动机排放超标产生的原因有（　　）。

A. 真空管漏气                    B. 点火系统有故障

C. 各缸缸压升高                  D. 润滑系统

75. 发动机气门间隙过大，使气门脚发出异响，可用（　　）进行辅助判断。

A. 塞尺          B. 撬棍          C. 扳手          D. 卡尺

76. 发动机气门座圈异响比气门异响稍大并呈（　　）的"嚓嚓"声。

A. 没有规律的忽大忽小            B. 有规律、大小一样

C. 无规律、大小一样              D. 有规律

77. 发动机气缸的修复方法可用（　　）。

A. 电镀          B. 喷涂          C. 修理尺寸法          D. 铰削法

78. 发动机气缸盖上的气门座裂纹最好的修理方法是（　　）。

A. 粘接法          B. 磨削法          C. 焊修法          D. 堵漏法

79. 发动机气缸体轴承座孔同轴度检验仪主要由定心轴套、定心轴、球形触头、百分表及（　　）组成。

A. 等臂杠杆          B. 千分表          C. 游标卡尺          D. 定心器

80. 发动机曲轴冷压校正后，一般还要进行（　　）。

A. 正火处理          B. 表面热处理          C. 时效处理          D. 淬火处理

81. 发动机曲轴冷压校正后，再进行时效热处理，其加热后保温时间是（　　）h。

A. 0.5~1          B. 1~2          C. 2~3          D. 2~4

82. 发动机全浮式活塞销与活塞销座孔的配合，汽油机要求在常温下有（　　）mm的过盈配合。

A. 0.025~0.075                  B. 0.0025~0.0075

C. 0.05~0.08                    D. 0.005~0.008

83. 发动机热磨合时，冷却液温度最好控制在（　　）℃左右。

A. 50          B. 70          C. 90          D. 100

84. 发动机凸轮轴的修理级别一般分4个等级，级差为（　　）mm。

A. 0.01          B. 0.2          C. 0.3          D. 0.4

85. 发动机无外载测功仪测得的发动机功率为（　　）。

A. 额定功率          B. 总功率          C. 净功率          D. 机械损失功率

86. 发动机运转，出现"嚓、嚓"的摩擦声时，应先检查（　　）。

A. 飞轮                          B. 离合器从动盘

C. 离合器踏板自由行程            D. 离合器压盘

87. 发动机运转时，产生加速敲缸，视为（　　）。

A. 回火          B. 爆燃          C. 失速

D. 回火、爆燃、失速均正确

88. 发动机正常运转时，转速（　　），可认为是发动机工作不稳。

A. 忽高 　　　　B. 忽低 　　　　　　C. 忽高忽低

D. 忽高、忽低、忽高忽低均正确

89. 发动机正时齿轮异响的原因是（ 　 ）。

A. 凸轮轴和曲轴两中心线不平行 　　　　B. 发动机进气不足

C. 点火正时失准 　　　　　　　　　　D. 点火线圈温度过高

90. 发动机转速升高，供油提前角应（ 　 ）。

A. 变小 　　　　B. 变大 　　　　　C. 不变 　　　　D. 随机变化

91. 非分散型红外线气体分析仪使用前，先接通电源，预热（ 　 ）min 以上。

A. 20 　　　　B. 30 　　　　C. 40 　　　　D. 60

92. 缸体裂纹，应该（ 　 ）。

A. 更换新件 　　　　B. 修复 　　　　C. 继续使用 　　　　D. 以上均正确

93. 气门导管与承孔的配合过盈量一般为（ 　 ）mm。

A. 0.01 ~ 0.04 　　　　B. 0.01 ~ 0.06 　　　　C. 0.02 ~ 0.04 　　　　D. 0.2 ~ 0.06

94. 气缸套上端面应不低于气缸体上平面，亦不高出（ 　 ）mm。

A. 0.1 　　　　B. 0.075 　　　　C. 0.05 　　　　D. 0.25

95. 气缸体上平面 50mm × 50mm 测量范围内平面度误差应不大于（ 　 ）mm。

A. 0.01 　　　　B. 0.04 　　　　C. 0.05 　　　　D. 0.1

96. 活塞环拆装钳是一种专门用于拆装（ 　 ）的工具。

A. 活塞环 　　　　B. 活塞销 　　　　C. 顶置式气门弹簧 　　　　D. 轮胎螺母

97. 活塞环磨损严重，应该（ 　 ）。

A. 更换新件 　　　　B. 修复 　　　　C. 继续使用 　　　　D. 以上均正确

98. 机油压力表必须与其配套设计的（ 　 ）配套使用。

A. 传感器 　　　　B. 化油器 　　　　C. 示波器 　　　　D. 喷油器

99. 检测电控燃油喷射系统燃油压力时，应将油压表接在供油管和（ 　 ）之间。

A. 燃油泵 　　　　B. 燃油滤清器 　　　　C. 分配油管 　　　　D. 喷油器

100. 检测发动机配气相位的仪器有（ 　 ）。

A. CQ - 1A 型曲轴箱窜气量测量仪 　　　　B. 气门正时检验仪

C. 千分表 　　　　　　　　　　D. 汽车电器万能试验台

101. 检测凸轮轴轴颈磨损的工具是（ 　 ）。

A. 百分表 　　　　B. 外径千分尺 　　　　C. 游标卡尺 　　　　D. 塑料塞尺

102. 检测凸轮轴轴向间隙的工具是（ 　 ）。

A. 百分表 　　　　B. 外径千分尺 　　　　C. 游标卡尺 　　　　D. 塑料塞尺

103. 检验发动机气缸盖和气缸体裂纹，可用压缩空气。空气压力为（ 　 ）kPa，保持 5min，并且无泄漏。

A. 294 ~ 392 　　　　B. 192 ~ 294 　　　　C. 392 ~ 490 　　　　D. 353 ~ 441

104. 检验气门密封性，常用且简单可行的方法是用（ 　 ）。

A. 水压 　　　　B. 煤油或汽油渗透 　　　　C. 口吸 　　　　D. 仪器

105. 壳体上两蜗杆轴承孔公共轴线与两摇臂轴轴承公共轴线（ 　 ）公差应符合规定。

A. 平行度 　　　　B. 圆度 　　　　C. 垂直度 　　　　D. 平面度

**106.** 空气流量计失效，可能（　　）。

A. 发动机正常起动

B. 发动机不能正常起动

C. 无影响

D. 发动机正常起动、发动机不能正常起动、无影响均正确

E. 无要求

**107.** 铝合金发动机气缸盖下平面的平面度误差任意 50mm×50mm 范围内均不应大于（　　）。

A. 0.015　　　　B. 0.025　　　　C. 0.035　　　　D. 0.03

**108.** 拧紧 AJR 型发动机气缸盖螺栓时，第二次拧紧力矩为（　　）N·m。

A. 40　　　　B. 50　　　　C. 60　　　　D. 75

**109.** 拧紧 AJR 型发动机气缸盖螺栓时，应分（　　）次拧紧。

A. 3　　　　B. 4　　　　C. 5　　　　D. 2

**110.** 偶发（　　），可以模拟故障征兆来判断故障部位。

A. 故障　　　　　　　　　　B. 征兆

C. 模拟故障征兆　　　　　　D. 故障、征兆、模拟故障征兆均不正确

**111.** 偶发故障，可以模拟故障征兆来判断（　　）部位。

A. 工作　　　B. 故障　　　C. 工作、故障均对　　　D. 工作、故障均不正确

**112.** 起动汽油机时，无起动征兆，检查油路，故障是（　　）。

A. 混合气浓　　B. 混合气稀　　C. 不来油　　　D. 来油不畅

**113.** 气门弹簧的作用是使气门同气门座保持（　　）。

A. 间隙　　　B. 一定距离　　C. 紧密闭合　　　D. 一定的接触强度

**114.** 汽车专用示波器的波形显示的是（　　）的关系曲线。

A. 电流与时间　　B. 电压与时间　　C. 电阻与时间　　D. 电压与电阻

**115.** 气缸盖火花塞孔螺纹损坏多于（　　）牙需修复。

A. 1　　　　B. 2　　　　C. 3　　　　D. 4

**116.** 气缸盖螺纹孔（不包括火花塞孔）螺纹损坏多于（　　）牙需修复。

A. 1　　　　B. 2　　　　C. 3　　　　D. 4

**117.** 气缸体翘曲变形多用（　　）进行检测。

A. 百分表和塞尺　　　　　　B. 塞尺和直尺

C. 游标卡尺和直尺　　　　　D. 千分尺和塞尺

**118.** 汽油机的爆燃响声，柴油机的工作粗暴声属于（　　）异响。

A. 机械　　　B. 燃烧　　　C. 空气动力　　　D. 电磁

**119.** 汽油机点火过早异响的现象是（　　）。

A. 发动机温度变化时响声不变化

B. 单缸断火响声不减弱

C. 发动机温度越高、负荷越大，响声越强烈

D. 变化不明显

**120.** 热交换器的冷却器根据冷却介质不同可分为风冷式、水冷式和（　　）。

A. 冷媒式　　　　　B. 多管式　　　　　C. 油冷式　　　　　D. 蛇形管式

121. 日本丰田轿车采用下列（　　）项方法调整气门间隙。

A. 两次调整法　　　B. 逐缸调整法　　　C. 垫片调整法　　　D. 不用调整

122. 如果气缸盖裂纹发生在受力较大或温度较高的部位，则采用（　　）修理方法。

A. 粘接法　　　　　B. 磨削法　　　　　C. 焊修法　　　　　D. 堵漏法

123. 如果是发动机完全不能起动，并且毫无着火迹象，一般是由于燃油没有喷射引起的，需要检查（　　）。

A. 转速信号系统　　B. 火花塞　　　　　C. 起动机　　　　　D. 点火线圈

124. 若电控发动机怠速不稳首先应检查（　　）。

A. 故障诊断系统　　B. 燃油压力　　　　C. 喷油器　　　　　D. 火花塞

125. 若电控发动机工作不稳定，且无故障码，则需检查的传感器有（　　）。

A. 节气门位置传感器　　　　　　　　　B. 曲轴位置传感器

C. 进气压力传感器　　　　　　　　　　D. 氧传感器

126. 若电控发动机加速无力，首先应检查（　　）。

A. 加速器联动拉索　　B. 故障诊断系统　　C. 喷油器　　　　　D. 火花塞

127. 若电控发动机消声器"放炮"，首先应检查（　　）。

A. 加速器联动拉索　　B. 燃油压力　　　　C. 喷油器　　　　　D. 火花塞

128. 若发动机单缸不工作，可用（　　）找出不工作的气缸。

A. 多缸断油法　　　B. 单缸断油法　　　C. 多缸断火法　　　D. 单缸断火法

129. 若发动机过热，且上水管与下水管温差甚大，可判断（　　）不工作。

A. 水泵　　　　　　B. 节温器　　　　　C. 风扇　　　　　　D. 散热器

130. 若发动机活塞敲缸异响，低温响声大，高温响声小，则为（　　）。

A. 活塞与气缸壁间隙过大　　　　　　　B. 活塞质量差

C. 连杆弯曲变形　　　　　　　　　　　D. 机油压力低

131. 若发动机活塞销响，响声会随发动机负荷增加而（　　）。

A. 减小　　　　　　B. 增大　　　　　　C. 先增大后减小　　D. 先减小后增大

132. 若发动机机油消耗超标，则检查（　　）。

A. 机油黏度是否符合要求　　　　　　　B. 机油道堵塞

C. 气门与气门导管的间隙　　　　　　　D. 油底壳油量是否不足

133. 若发动机机油消耗超标，则检查（　　）。

A. 油底壳油量是否不足　　　　　　　　B. 机油道堵塞

C. 机油黏度是否符合要求　　　　　　　D. 活塞、活塞环与气缸壁磨损

134. 若发动机连杆轴承响，响声会随发动机负荷增加而（　　）。

A. 减小　　　　　　B. 增大　　　　　　C. 先增大后减小　　D. 先减小后增大

135. 若发动机磨损或调整不当引起的异响属于（　　）异响。

A. 机械　　　　　　B. 燃烧　　　　　　C. 空气动力　　　　D. 电磁

136. 若发动机排放超标，应检查（　　）。

A. 排气歧管　　　　B. 排气管　　　　　C. 三元催化转化器　　D. EGR 阀

137. 若发动机气门响，其响声会随发动机转速增高而增高，温度变化和单缸断火时响

声（　　）。

A. 减弱　　　　　　B. 不减弱　　　　　　C. 消失　　　　　　D. 变化不明显

138. 若发动机曲轴主轴承响，则其响声随发动机转速的提高而（　　）。

A. 减小　　　　　　B. 增大　　　　　　C. 先增大后减小　　D. 先减小后增大

139. 若汽油发动机两缸或多缸不工作，可用（　　）找出不工作的气缸。

A. 多缸断油法　　　B. 单缸断油法　　　C. 多缸断火法　　　D. 单缸断火法

140. 若汽油机燃料消耗量过大，则检查（　　）。

A. 油箱或管路是否漏油　　　　　　　　B. 空气滤清器是否堵塞

C. 燃油泵故障　　　　　　　　　　　　D. 进气管漏气

141. 若汽油机燃料消耗量过大，则检查（　　）。

A. 进气管漏气　　　　　　　　　　　　B. 空气滤清器是否堵塞

C. 燃油泵故障　　　　　　　　　　　　D. 油压是否过大

142. 桑塔纳 2000GLi 型轿车（AFE 型发动机）的机油泵齿轮啮合间隙磨损极限为（　　）mm。

A. 0.1　　　　　　B. 0.2　　　　　　C. 0.5　　　　　　D. 0.3

143. 桑塔纳 2000GLi 型轿车（AFE 型发动机）的机油泵主从动齿轮与机油泵盖接合面正常间隙为（　　）mm。

A. 0.1　　　　　　B. 0.2　　　　　　C. 0.05　　　　　　D. 0.3

144. 桑塔纳 2000GLi 型轿车（AFE 型发动机）的机油泵主动轴弯曲度超过（　　）mm，则应对其进行校正或更换。

A. 0.1　　　　　　B. 0.2　　　　　　C. 0.05　　　　　　D. 0.3

145. 使用 FLUKE98 型汽车示波器测试有分电器点火系统次级电压波形时，信号拾取器则夹在（　　）缸的火花塞引线上。

A. 1　　　　　　　B. 2　　　　　　　C. 3　　　　　　　D. 4

146. 使用发动机尾气分析仪之前，应先接通电源，预热（　　）min 以上。

A. 20　　　　　　　B. 30　　　　　　　C. 40　　　　　　　D. 60

147. 使用国产 EA－2000 型发动机综合分析仪时，当系统对各适配器逐个自检，若连接正确显示为（　　）色。

A. 红　　　　　　　B. 绿　　　　　　　C. 黄　　　　　　　D. 蓝

148. 使用国产 EA－2000 型发动机综合分析仪时，在开启仪器电源应预热（　　）min。

A. 10　　　　　　　B. 20　　　　　　　C. 30　　　　　　　D. 40

149. 通过尾气分析仪测量，如果是碳氢化合物超标，首先应该检查（　　）是否工作正常，若不正常应予修理或更换。

A. 排气管　　　　　B. 氧传感器　　　　C. 三元催化转化器　D. EGR 阀

150. 凸轮轴是用来控制各气缸进、排气门（　　）时间的。

A. 开闭时刻和开启持续　　　　　　　　B. 压缩

C. 点火　　　　　　　　　　　　　　　D. 做功

151. 凸轮轴轴颈磨损的圆柱度误差大于（　　）mm 时，应更换凸轮轴。

A. 0.1　　　　　　　B. 0.05　　　　　　C. 0.025　　　　　　D. 0.015

152. 凸轮轴轴向间隙的允许极限为（　　）mm。

A. 0.1　　　　　B. 0.15　　　　　C. 0.025　　　　　D. 0.015

153. 蜗杆轴承与壳体配合的最大间隙应该（　　）原计划规定的0.02mm。

A. 小于　　　　　B. 大于　　　　　C. 等于　　　　　D. 取规定值

154. 下列（　　）是发动机电子控制系统正确诊断的步骤。

A. 静态模式读取和清除故障码—症状模拟—症状确认—动态故障码检查

B. 静态模式读取和清除故障码—症状模拟—动态故障码检查—症状确认

C. 症状模拟—静态模式读取和清除故障码—动态故障码检查—症状确认

D. 静态模式读取和清除故障码—症状确认—症状模拟—动态故障码检查

155. 下列（　　）属于发动机电子控制系统利用仪器诊断最准确的方法。

A. 读取数据流　　B. 读取故障码　　C. 经验诊断　　D. 自诊断

156. （　　）时须拆汽油机的火花塞或柴油机的喷油器。

A. 冷磨合　　　　B. 热磨合　　　　C. 无负荷磨合　　　　D. 有负荷磨合

157. 下列哪项不是发动机活塞敲缸异响的原因？（　　）

A. 活塞与气缸壁间隙过大　　　　　B. 活塞裙部磨损过大或气缸严重失圆

C. 轴承和轴颈磨损严重　　　　　　D. 连杆弯曲、扭曲变形

158. 下列（　　）属于发动机连杆轴承响的原因。

A. 气缸压力高　　　　　　　　　　B. 曲轴将要折断

C. 连杆轴承合金烧毁或脱落　　　　D. 曲轴弯曲变形

159. 下列（　　）属于发动机曲轴主轴承响的原因。

A. 曲轴有裂纹　　B. 曲轴弯曲　　C. 气缸压力低　　D. 气缸压力高

160. 校正发动机曲轴弯曲常采用冷压校正法，校正后还应进行（　　）。

A. 时效处理　　　B. 淬火处理　　　C. 正火处理　　　D. 表面热处理

161. 新195和190型柴油机是通过增减喷油泵与机体之间的铜垫片来调整供油提前角，减少垫片，供油时间变（　　）。

A. 晚　　　　　　B. 早　　　　　　C. 先早后晚　　　　　D. 先晚后早

162. 液压缸按结构组成可以分为缸体组件、活塞组件、密封装置、缓冲装置和（　　）五个部分。

A. 曲轴组件　　　B. 排气装置　　　C. 凸轮轴组件　　　D. 进气装置

163. 一般情况下，机油消耗与燃油消耗比值为（　　）为正常。

A. 0.1%～0.5%　　B. 0.5%～1%　　C. 0.25%～0.5%　　D. 0.5%～2%

164. 一般情况下，机油消耗与燃油消耗比值为0.5%～1%为正常，如果该比值大于（　　），则为机油消耗过多。

A. 1%　　　　　　B. 0.50%　　　　　C. 0.25%　　　　　D. 2%

165. 可用（　　）测量气缸的磨损情况。

A. 量缸表　　　　B. 螺旋测微器　　　C. 游标卡尺　　　D. 以上均正确

166. 用非分散型红外线气体分析仪检测汽油车尾气时，应在发动机（　　）工况检测。

A. 起动　　　　　B. 中等负荷　　　C. 怠速　　　　　D. 加速

167. 用连杆检验仪检验连杆变形时，如果一个下测点与平板接触，但上测点与平板的

间隙不等于另一个下测点与平板间隙的 1/2，表明连杆发生（　　　）。

    A. 无变形　　　　　　B. 弯曲变形　　　　　　C. 扭曲变形　　　　　　D. 弯扭变形

168. 用连杆检验仪检验连杆变形时，若三点规的 3 个测点都与检验平板接触，则连杆（　　　）。

    A. 无变形　　　　　　B. 弯曲变形　　　　　　C. 扭曲变形　　　　　　D. 弯扭变形

169. 用气缸压力表测试气缸压力前，应使发动机运转至（　　　）。

    A. 怠速状态　　　　　　　　　　　　　　B. 正常工作温度

    C. 正常工作状况　　　　　　　　　　　　D. 大负荷工况状态

170. 用气缸压力表测试气缸压力时，发动机应达到正常工作温度。其中发动机冷却液温度应在（　　　）℃。

    A. 50 ~ 60　　　　　　B. 65 ~ 70　　　　　　C. 75 ~ 85　　　　　　D. 60 ~ 85

171. 用气缸压力表测试气缸压力时，用起动机转动曲轴大约（　　　）s。

    A. 1 ~ 2　　　　　　B. 2 ~ 3　　　　　　C. 1 ~ 3　　　　　　D. 3 ~ 5

172. 用数字万用表的（　　　）可检查点火线圈是否有故障。

    A. 欧姆档　　　　　　B. 电压档　　　　　　C. 千欧档　　　　　　D. 兆欧档

173. 用诊断仪器诊断和排除电控发动机怠速不平稳时，若仪器上有故障码，则（　　　）。

    A. 检查故障码　　　　　　　　　　　　　B. 检查点火正时

    C. 检查喷油器　　　　　　　　　　　　　D. 检查喷油压力

174. 在读取故障码之前，应先（　　　）。

    A. 打开点火开关，将它置于"ON"位置，但不要起动发动机

    B. 检查汽车蓄电池电压是否正常

    C. 按下超速档开关，使之置于"ON"位置

    D. 根据自动变速器故障警告灯的闪亮规律读出故障码

175. 在喷油器试验台对喷油器进行喷油压力检查时，各缸喷油压力应尽可能一致，一般相差不得超过（　　　）MPa。

    A. 0.25　　　　　　B. 0.15　　　　　　C. 0.1　　　　　　D. 0.05

176. 在起动柴油机时排气管不排烟，这时将喷油泵放气螺钉松开，扳动手油泵，观察泵放气螺钉是否流油，若不流油或有气泡冒出，表明（　　　）。

    A. 低压油路有故障　　　　　　　　　　　B. 高压油路有故障

    C. 回油油路有故障　　　　　　　　　　　D. 高、低压油路都有故障

177. 在水杯中加热节温器对其进行检查，其打开温度约为（　　　）℃。

    A. 70　　　　　　B. 50　　　　　　C. 78　　　　　　D. 87

178. 诊断发动机排放超标的仪器为（　　　）。

    A. 尾气分析仪　　　　　　　　　　　　　B. 汽车无负荷测功表

    C. 氧传感器　　　　　　　　　　　　　　D. 三元催化转化器

179. 在发动机进气口、排气口和运转中的风扇处的响声属于（　　　）异响。

    A. 机械　　　　　　B. 燃烧　　　　　　C. 空气动力　　　　　　D. 电磁

## （三）判断题

（　　　）1. QFC - 4 型微电脑发动机综合分析仪可判断柴油机喷油提前角。

（　　）2. 安装活塞销时，先将活塞置于水中加热到 60~80℃ 取出。

（　　）3. 安装气缸垫时，应使有 "OPEN TOP" 标记的一面朝向气缸盖。

（　　）4. 按点火方式不同发动机可分为点燃式和压燃式两种。

（　　）5. 不论电控发动机是否在运转，只要在点火开关接通时，决不可断开正在工作的 12V 电器装置。

（　　）6. 柴油车烟度计先接通电源，预热 30min 以上。

（　　）7. 柴油机不能起动首先应从空气供给方面查找原因。

（　　）8. 柴油机动力不足，可在发动机运转中运用单缸断火法，观察发动机转速变化，找出故障缸。

（　　）9. 柴油机起动困难，应从手油泵、燃油输送和压缩终了时的气缸压力温度等方面找原因。

（　　）10. 柴油机运转均匀，无高速且排烟过少，其故障原因是油路中有空气。

（　　）11. 车辆突然熄火时，尝试再次起动，若不成功，检查电路系统。

（　　）12. 当发动机曲轴圆度和圆柱度误差超过 0.25mm 时，应按规定的修理尺寸进行修磨。

（　　）13. 当发动机曲轴圆度误差超过 0.25mm 时，应按规定的修理尺寸进行修磨。

（　　）14. 电控发动机消声器放炮的原因是节气门位置传感器失效。

（　　）15. 电控发动机运转不稳的原因有曲轴位置传感器失效。

（　　）16. 电控系统接触不良，不能导致发动机工作不稳。

（　　）17. 电控系统接触不良，可以导致发动机工作不稳。

（　　）18. 读取故障码，既可以用解码器直接读取，也可以通过警告灯读取故障码。

（　　）19. 读取数据流是发动机电子控制系统利用仪器诊断最准确的方法。

（　　）20. 对于任何发动机不能起动这类故障的诊断，首先应检测的是电动燃油泵。

（　　）21. 对于受力不大、工作温度低于 100℃ 的部位的气缸盖裂纹大部分可以采用粘接法修复。

（　　）22. 多缸发动机各气缸的总容积之和，称为发动机的排量。

（　　）23. 发动机怠速过高的原因是喷油器渗漏。

（　　）24. 发动机过热有可能是水套内水垢过多。

（　　）25. 发动机活塞敲缸异响发出的声音是清晰而明显的 "嗒嗒" 声。

（　　）26. 发动机气缸套承孔内径修理尺寸的级差为 0.5mm，共有 3 个级别。

（　　）27. 发动机气缸体所有结合平面可以有明显的轻微的凸出、凹陷、划痕。

（　　）28. 发动机曲轴冷压校正后，再进行时效处理，其目的是防止裂纹产生。

（　　）29. 发动机曲轴冷压校正后，再进行时效处理，其目的是消除内应力。

（　　）30. 发动机总成大修送修标志以气缸磨损程度为依据。

（　　）31. 活塞环拆装钳是一种专门用于拆装气门弹簧的工具。

（　　）32. 检测压电式爆燃传感器应选用汽车用万用表直流电压档。

（　　）33. 进气管真空渗漏和点火正时失准能引起电控发动机怠速不平稳。

（　　）34. 可用外径千分尺测量发动机活塞裙部。

（　　）35. 喷油器调整不当不但会引起怠速冒烟，还会引起发动机燃油消耗过大。

（　）36. 气门脚间隙太大会导致气门座圈产生异响。

（　）37. 气缸盖与气缸体可以同时用水压法检测裂纹。

（　）38. 气缸体的裂纹凡涉及漏水时，一般应予更换。

（　）39. 汽油机排放的三大有害气体是：CO、HC、$NO_x$。

（　）40. 曲柄连杆机构由气缸体曲轴箱组、活塞连杆组和曲轴飞轮组组成。

（　）41. 曲轴轴颈表面不允许有横向裂纹。

（　）42. 燃油系统压力不稳定，可能造成发动机工作不稳。

（　）43. 燃油质量不好，不会造成发动机怠速运转不好。

（　）44. 热车汽油机起动困难主要是混合气过浓造成的。

（　）45. 如果冷车时尾气不合格，而热车时合格，说明三元催化转化器没故障。

（　）46. 如果气缸盖裂纹发生在受力较大或温度较高的部位，则采用粘接法修理。

（　）47. 如果用气缸压力表测得气缸压力过低，可向该缸火花塞或喷油器孔内注入适量机油再进行测量。

（　）48. 若发动机单缸不工作，可用单缸断火找出不工作的气缸。

（　）49. 若发动机磨损或调整不当引起的异响属于机械异响。

（　）50. 若发动机曲轴主轴承响，则其响声随发动机转速的提高而减小。

（　）51. 桑塔纳 2000GLi 型轿车（AFE 型发动机）的机油泵主从动齿轮与机油泵盖结合面正常间隙为 0.20mm。

（　）52. 使用量缸表测量时，必须使量杆与气缸的轴线保持垂直。

（　）53. 凸轮轴轴颈磨损的圆柱度误差大于 0.025mm 时，应更换凸轮轴。

（　）54. 无分电器点火系统发生故障，如果故障指示灯点亮，应用解码器等仪器进行故障自诊断。

（　）55. 辛烷值过高易使发动机产生爆燃。

（　）56. 195 和 190 型柴油机是通过增减喷油泵与机体之间的铜垫片来调整供油提前角，减少垫片则供油时间变晚。

（　）57. 一般情况下，机油消耗与燃油消耗比值为 0.5%～1% 为正常，如果该比值大于 2%，则为机油消耗过多。

（　）58. 用百分表检测曲轴弯曲变形时，百分表的触头应抵在中间主轴颈表面。

（　）59. 用百分表检测凸轮轴的弯曲度，检测前应校表。

（　）60. 用连杆检验仪检验连杆变形时，若三点规的 3 个测点都与检验平板接触，则连杆发生弯曲变形。

（　）61. 有熄火征兆或起动后又逐渐熄灭，一般是汽油机电路出现故障。

（　）62. 在读取故障码之前，应先检查汽车蓄电池电压是否正常，以防止蓄电池电压过低而导致电脑故障自诊断电路工作不正常。

（　）63. 在调试喷油器之前，应首先对试验台的密封性进行检查。

（　）64. 在检验发动机曲轴弯曲变形时，应将百分表触头垂直地触及其中间一道主轴颈上。

（　）65. 止推垫片应该涂润滑油。

# 八、汽车底盘系统

## （一）汽车底盘系统知识

### 1. 自动变速器的种类

自动变速器可分为液力式自动变速器（Automatic Transmission，简称 AT）、机械式自动变速器（Automatic Mechanical Transmission，简称 AMT）、无级自动变速器（Continuously Variable Transmission，简称 CVT）。

### 2. 自动变速器组成

自动变速器主要由液力变矩器、齿轮变速系统、控制系统组成。

（1）液力变矩器

液力变矩器位于发动机和齿轮变速系统之间。

（2）齿轮变速系统

齿轮变速系统安装在液力变矩器后方，其作用是改变传动比和传动方向，进而改变汽车的行驶速度和行驶方向。

齿轮变速系统包括齿轮变速机构和换档执行元件两部分。

（3）控制系统

控制系统一般安装在齿轮变速系统下方，其作用是根据汽车的运行状态（车速、节气门开度等）自动控制齿轮变速系统的工作。

控制系统可分为液压控制系统和电子控制系统。

### 3. 汽车制动原理

当车轮转速降低后，由于惯性作用，汽车车身仍要以原来的速度前进，于是在车轮和路面之间产生摩擦力，该摩擦力使车速降低。这就是汽车制动的基本原理。

汽车制动时车轮上所受到的力有：制动器制动力（即在车轮周缘为克服制动摩擦力矩所需加的力）、地面制动力（即地面与车轮间的摩擦力）。由此可见，汽车制动的实现取决于两个方面的因素：一是制动器制动力；二是地面制动力。

在一般硬实路面上，地面制动力的最大值就是地面附着力 $F_\varphi$，其表达式为：

$$F_\varphi = \varphi F_Z$$

式中　$F_Z$——地面对车轮的法向反作用力；

　　　$\varphi$——地面与轮胎间的附着系数。

地面对车轮的法向反作用力受载客数量（或载货量）、前后轴荷分配、汽车上坡或下坡等因素的影响；地面与轮胎间的附着系数受车轮在地面上的滑动程度、轮胎花纹、轮胎气压、路面状况等影响。在车辆载荷、轮胎花纹、轮胎气压、路面状况等一定的前提下，地面附着力就仅与车轮在地面上的滑动程度有关。

**4. 车轮滑移率**

通常用滑移率表示车轮在地面上滑动的程度。所谓滑移率就是汽车在制动过程中车轮的滑动位移占总位移的比例。

**5. 地面附着系数与滑移率**

1）附着系数随路面性质不同而不同。在干混凝土路面上的附着系数最大，在冰面上的附着系数最小。

2）无论在什么路面上，附着系数都随滑移率的变化而变化，且变化趋势基本相同。

车轮的纵向附着系数直接影响汽车的制动效能，滑移率在 10% ～30% 之间时纵向附着系数达到最大值。

车轮的横向附着系数直接影响汽车的方向稳定性。当滑移率为 0 时，横向附着系数最大；随着滑移率的增大，横向附着系数会越来越小，而且在滑移率超过 30% 后会急剧下降；当滑移率达到 100% 时，车轮横向附着系数将会变得非常小。

如果在汽车制动时将车轮滑移率控制在 20% 左右，则纵向附着系数最大，可获得最大的地面制动力，最大程度地缩短制动距离；同时，在车轮滑移率为 20% 左右时，横向附着系数也较大，可使汽车在制动时较好地保持方向稳定性和转向控制能力。

**6. 防抱死制动系统的组成**

防抱死制动系统主要由轮速传感器、电控单元、制动压力调节器等组成。防抱死制动系统和常规制动系统组合在一起就构成了带 ABS（Anti - lock Braking System）的汽车制动系统。

**7. 防抱死制动系统的控制过程**

防抱死制动系统是以最佳车轮滑移率（或最佳减速度）为控制目标，电控单元根据轮速传感器（有的车上还设有减速度传感器）检测到的车轮转速进行控制。在制动过程中，当电控单元根据车轮转速信号判断到车轮即将抱死时，便向执行元件发出控制指令，使执行元件动作，调节作用在制动轮缸的液压，从而控制作用在车轮上的制动力，使车轮始终工作在不被抱死（滑移率为 10% ～30% ）的状态下，以达到最佳制动效果，使汽车在保证行驶稳定性的前提下有最短的制动距离。

防抱死制动系统常见的控制方式有逻辑门限值控制、最优控制、滑动模态变结构控制等。

所谓逻辑门限值控制，就是预先选择一些运动参数作为控制参数并设定相应控制门限值，在制动时，将检测到的实际参数与电控单元内设定的门限值进行比较，按照一定的逻辑并根据比较的结果，适时对制动液压进行调节。

**8. 防抱死制动系统的分类**

（1）按制动压力调节器与制动主缸的结构关系分类

1）分离式防抱死制动系统是指制动主缸和制动压力调节器分别独立安装的防抱死制动系统。

2）整体式防抱死制动系统的制动主缸和制动压力调节器安装在一起，形成了一个整体的防抱死制动系统。

（2）按控制通道分类

在防抱死制动系统中，通常把能够独立进行制动液压调节的制动管路称作控制通道。

在实际控制中，有的车轮单独占用一个控制通道，单独对其液压进行调节，这种控制方式叫独立控制或单轮控制；也有两个车轮共用一个控制通道，这种控制方式叫同时控制或一同控制；如果实行一同控制的两个车轮又在同一轴上，则把这种控制方式称为同轴控制或轴控制。

当一同控制的两个车轮行驶在不同附着系数的路面上时，制动时两个车轮抱死的时刻不同，行驶在低附着系数路面上的车轮会先抱死，行驶在高附着系数路面上的车轮会后抱死。在控制时以保证低附着系数路面上的车轮不抱死为控制条件而进行压力调节的原则称作低选原则；在控制时以保证高附着系数路面上的车轮不抱死为控制条件而进行压力调节的原则称作高选原则。

1）单通道系统是指仅有一条控制通道的防抱死制动系统。

2）双通道系统是指有两条控制通道的防抱死制动系统。

3）三通道系统是指有三条控制通道的防抱死制动系统。

对两后轮按低选原则进行一同控制，可以保证汽车在各种条件下左、右两个后轮的制动力相等，使汽车在各种路面上制动时都具有良好的行驶稳定性。

对两前轮进行独立控制，可以充分利用两前轮的附着力，一方面可以使汽车获得尽可能大的制动力，缩短制动距离，另一方面可使制动时两前轮始终保持较大的横向附着力，使汽车保持良好的转向控制能力。

4）四通道控制系统是指有四条控制通道的防抱死制动系统。

**9. 驱动轮防滑转的基本知识**

所谓驱动轮滑转就是指汽车在起步时，驱动轮不停地转动，但汽车却原地不动，或者在加速时，汽车车速不能随驱动轮转速的提高而加快。驱动轮滑转的根本原因是汽车的驱动力超过了地面的附着力。

一般地，用滑移率来表示汽车制动时车轮滑移的程度，用滑转率来表示驱动轮的滑转程度。

汽车的滑转率直接影响汽车驱动时的纵向、横向附着系数。

**10. 驱动轮防滑转的控制方法**

（1）对发动机输出转矩进行控制

1）调节喷油量。

2）推迟点火即减小点火提前角。

3）调节进入发动机气缸的空气量。

（2）对驱动轮进行制动

这种控制方法防止滑转最迅速，但是为了保证乘坐舒适，制动力不能太大，因此这种方式一般是作为方法（1）的补充。

（3）对差速锁进行锁止控制

这种控制方法用在电子控制的可锁止差速器上。

在上述三种控制方法中，目前采用较多的是前两种方法的组合。

**11. 驱动轮防滑转调节系统的优点**

1）汽车起步、行驶中驱动轮可提供最佳驱动力。

2）能保持汽车的方向稳定性和前轮驱动汽车的转向控制能力。

3）减少了轮胎的磨损，降低了发动机的油耗。

**12. 驱动轮防滑转调节系统的组成**

驱动轮防滑转调节系统是控制车轮滑转率的装置，主要由轮速传感器、ASR 电控单元、驱动轮防滑转调节系统执行器（如电磁阀等）、ASR 警示灯、ASR 关闭指示灯等组成。

**13. ASR 和 ABS 的区别**

ASR 和 ABS 的不同之处是，ABS 根据轮速信号计算出车轮滑移率，ASR 则根据轮速信号计算出车轮滑转率。

ASR 在汽车起步、加速等工况时起作用，但在汽车制动时不起作用，而 ABS 则是在汽车制动时起作用，在汽车正常运行过程（包括起步、加速等工况）中不起作用。

**14. 电子控制悬架的概述**

汽车悬架是车架与车桥之间的弹性连接传力装置。

汽车悬架可分为非独立悬架和独立悬架两大类。

独立悬架是指两侧车轮分别安装在断开式车轴两端，每段车轴和车轮单独通过弹性元件与车架相连。这种结构的优点是当一侧车轮跳动时对另一侧车轮不产生影响。

汽车悬架主要由弹性元件、减振器和导向装置等组成。

**15. 电子控制悬架系统的组成与工作原理**

（1）电子控制悬架系统的组成

该系统主要由空气压缩机、干燥器、空气电磁阀、车身高度传感器、带有减振器的空气弹簧、悬架控制执行器、悬架控制选择开关和电控单元等组成。

（2）电子控制悬架系统的工作原理

当需要升高车身时，电控单元便控制空气电磁阀使压缩空气进入空气弹簧的主气室，空气弹簧伸长，车身高度升高；当需要降低车身高度时，电控单元便控制空气电磁阀使主气室中的压缩空气排放到大气中，空气弹簧被压缩。

当需要改变悬架刚度时，电控单元通过悬架执行器来控制空气弹簧主、辅气室之间的连通阀，改变主、辅气室之间的气体流量，进而改变悬架的刚度。

当需要改变减振器的阻尼力时，电控单元便控制减振器的阻尼力调节装置工作，调节减振器的阻尼力。

**16. 电子控制悬架系统各主要组件的结构**

（1）车身高度传感器

车身高度传感器的作用是检测车身高度的变化，将车身高度转变为电信号并输入电控单元，作为车身高度控制的主要依据。目前，汽车多用光电式车身高度传感器。

光电式车身高度传感器主要光电耦合元件、遮光板、旋转轴、连杆组成。

（2）车身高度控制执行装置

车身高度控制执行装置由空气压缩机、排气阀、干燥器、进气阀、储气罐、调压阀、电磁阀、高度传感器、气室及控制单元等组成。

（3）空气悬架刚度调节装置

空气悬架刚度调节装置主要由刚度调节阀和悬架控制执行器组成。

（4）悬架系统阻尼调节装置

阻尼调节装置是通过改变阻尼孔的大小来改变悬架系统的阻尼力。

1）机电式阻尼调节装置主要由阻尼调节执行机构和减振器两大部分组成。阻尼调节执行机构位于减振器的上部，可以驱动减振器中的回转阀转动，改变阻尼孔的大小。

阻尼调节执行机构主要由直流电动机、减速齿轮、挡块、电磁铁等组成。直流电动机用于驱动回转阀的转动；挡块用于限制减速齿轮的旋转，挡块的工作由电磁铁控制。

机电式阻尼调节装置的工作由电控单元内存程序根据车速传感器、加速度传感器、转向传感器等输出的反映车辆行驶状态的信号进行控制。

2）压电式阻尼调节装置主要由压电传感器、压电执行器和阻尼力变换阀组成。

**17. 电子控制动力转向系的组成**

电子控制动力转向系主要由转向油泵、转向动力缸、转向控制阀和机械转向器等组成。

根据动力源不同，电子控制动力转向系统可分为电子控制液压式动力转向系统（简称液压式 EPS）和电子控制电动式动力转向系统（简称电动式 EPS）。

**18. 电子控制液压式动力转向系统**

电子控制液压式动力转向系统是在液压动力转向系统的基础上增加电子控制装置得到的。

（1）电子控制液压式动力转向系统的组成

该系统主要由车速传感器、电控单元、电磁阀、动力转向控制阀和动力转向油泵等组成。该系统通过控制流向动力转向油缸两侧油室内的液压油流量来实现动力转向控制的，因此又称为流量控制式动力转向系。

（2）电子控制液压式动力转向系统的工作原理

在工作时，电控单元根据车速传感器输入的信号，向电磁阀输出不同占空比的控制信号，控制电磁阀阀芯的开启程度，以控制转向动力缸活塞两侧油室的旁路液压油流量，从而改变转向盘上的转向力。

**19. 电子控制电动式动力转向系统**

电子控制电动式动力转向系统是以电动机作为动力转向的动力源，由电控单元根据转矩传感器和车速传感器输出的信号进行动力转向控制。

（1）电子控制电动式动力转向系统的组成

电子控制电动式动力转向系统主要由车速传感器、转矩传感器、电控单元、电磁离合器和电动机等组成。

1）转矩传感器的作用是检测转向盘的转动方向以及转向盘与转向器之间的相对转矩。常用的转矩传感器按工作原理可分为两种：电磁感应式和滑动可变电阻式。

2）电磁离合器位于电动机的输出端，用于切断和接通电动机通向转向机构的动力传动路线。

3）电动式动力转向系统所用电动机为永磁式直流电动机。

（2）电子控制电动式动力转向系统的工作原理

当驾驶人转动转向盘时，装在转向轴上的转矩传感器检测出转向轴上的转矩，电控单元根据该转矩信号与车速传感器输出的车速信号计算出转向助力的大小和方向，并据此选定电动机的电流和转向。然后电控单元向执行器（电动机和电磁离合器）输出控制指令，控制电磁离合器通电接合、电动机通电转动，电动机输出的转矩经减速机构减速增矩后，施加在转向机构上，实现与汽车车速相匹配的转向助力。

（3）铃木车系电子控制电动式动力转向系统

铃木车系电子控制电动式动力转向系统按车速控制范围可分为两种：低中速控制型（0~45km/h）和全范围控制型（0~80km/h）。

1）低中速控制型（0~45km/h）EPS的主要控制内容有：

① 速度控制。当车速高于 $45^{+15\%}_{-10\%}$ km/h 时，汽车转向系按普通转向方式工作。

② 电动机电流控制。电控单元根据转矩传感器输出的转向力矩和车速传感器输出的车速信号确定电动机的工作电流。

③ 临界控制。临界控制的目的是保护电子控制电动式动力转向系统中的电动机及其控制组件。

2）全范围控制型（0~80km/h）EPS的主要控制内容有：

① 电动机电流控制。电控单元根据车速传感器输送的信号控制电动机的工作电流，实现全车速范围的车速感应型控制。

② 临界控制。为避免电动机及其控制组件在临界状态下因工作电流大发热造成的损坏，每当最大电流连续通过20s后，电控单元就控制逐步减小电动机的工作电流，每次减小1.5A。

## （二）单选题

1. （　　）会导致胎冠由内侧向外侧呈锯齿状磨损。
A. 前轮前束过小　　　　　　　　　B. 横直拉杆或转向机构松旷
C. 轮毂轴承松旷或转向节与主销松旷　　D. 前轮前束过大

2. （　　）会使前轮外倾发生变化，造成轮胎单边磨损。
A. 纵横拉杆或转向机构松旷　　　　B. 钢板弹簧U形螺栓松旷
C. 轮毂轴承松旷或转向节与主销松旷　　D. 前钢板吊耳销和衬套磨损

3. （　　）是造成在用车轮胎早期耗损的主要原因。
A. 前轮定位不正确　　　　　　　　B. 前梁或车架弯扭变形
C. 轮毂轴承松旷或转向节与主销松旷　　D. 气压不足

4. （　　）踏板时，必须测量调整制动踏板的自由行程。
A. 修理　　　　B. 修复　　　　C. 更换　　　　D. 以上均正确

5. 安装3、4档拨叉轴的小止动块，拧紧输出轴螺母，再将换档拨叉轴置于（　　）位置。
A. 一档　　　　B. 二档　　　　C. 空档　　　　D. 倒档

6. 安装盘式制动器后，（　　）用力将制动器踏板踩到底数次，以便使制动摩擦片正确就位。
A. 停车状态　　B. 起动状态　　C. 怠速状态　　D. 行驶状态

7. 半轴套管中间两轴颈径向跳动不得大于（　　）mm。
A. 0.03　　　　B. 0.05　　　　C. 0.08　　　　D. 0.5

8. 半轴套管中间两轴的弯曲不得大于（　　）mm。

A. 0.03　　　　　B. 0.05　　　　　C. 0.08　　　　　D. 0.5

9. 编制差速器壳的技术检验工艺卡，技术检验工艺卡首先应该（　　）。

A. 检验裂纹，差速器壳应无裂损

B. 检验差速器轴承与壳体及轴颈的配合

C. 检验差速器壳承孔与半轴齿轮轴颈的配合间隙

D. 检验差速器壳连接螺栓拧紧力矩

10. 编制差速器壳的修理工艺卡时，下列属于技术检验工艺卡项目的是（　　）。

A. 左右差速器壳内外圆柱面的轴线及对接面的检验

B. 主动锥齿轮花键与凸缘键槽的侧隙的检验

C. 主动圆柱齿轮轴承与轴颈的配合间隙的检验

D. 裂纹的检验，差速器壳应无裂损

11. 变速器倒档轴与中间轴轴承孔轴线的平行度误差一般应不大于（　　）mm。

A. 0.02　　　　　B. 0.04　　　　　C. 0.06　　　　　D. 0.1

12. 变速器第一轴的轴向间隙不大于（　　）mm。

A. 0.05　　　　　B. 0.1　　　　　C. 0.12　　　　　D. 0.15

13. 变速器工作时发出不均匀的碰击声，其原因可能是（　　）。

A. 分离轴承缺少润滑油或损坏

B. 从动盘铆钉松动、钢片破裂或减振弹簧折断

C. 离合器盖与压盘连接松旷

D. 齿轮齿面金属剥落或个别轮齿折断

14. 变速器工作时发出不均匀的碰击声，其原因可能是（　　）。

A. 分离轴承缺少润滑油或损坏

B. 从动盘铆钉松动、钢片破裂或减振弹簧折断

C. 常啮合齿轮磨损成梯形或轮齿损坏

D. 传动轴万向节叉等速排列破坏

15. 变速器壳体第一、二轴轴承孔与中间轴轴承孔轴线的平行度误差一般应不大于（　　）mm。

A. 0.1　　　　　B. 0.15　　　　　C. 0.2　　　　　D. 0.25

16. 变速器壳体平面的平面度误差应不大于（　　）mm。

A. 0.1　　　　　B. 0.15　　　　　C. 0.2　　　　　D. 0.25

17. 变速器壳体前后端面对第一、二轴轴承孔公共轴线的圆跳动误差，可用（　　）进行检测。

A. 内径千分尺　　B. 百分表　　　C. 高度游标卡尺　D. 塞尺

18. 变速器壳体上平面长度不大于（　　）mm。

A. 100　　　　　B. 150　　　　　C. 250　　　　　D. 300

19. 变速器输出轴（　　）拧紧力矩为100N·m。

A. 螺钉　　　　　B. 螺母　　　　　C. 螺栓　　　　　D. 任意轴

20. 变速器输出轴修复工艺程序的第一步应该（　　）。

A. 彻底清理输出轴内外表面

B. 根据全面检验的结论，确定修理内容及修复工艺

C. 输出轴轴承的修复和选配

D. 输出轴变形的修复

21. 变速器输入轴前端花键齿磨损应不大于（　　）mm。

A. 0.1　　　　B. 0.2　　　　C. 0.3　　　　D. 0.6

22. 变速器在空档位置，发动机怠速运转，若听到"咯噔"声，踏下离合器踏板后响声消失，说明（　　）。

A. 第一轴前轴承损坏　　　　　　B. 常啮合齿轮啮合不良

C. 第二轴后轴承松旷或损坏　　　D. 第一轴后轴承响

23. 变速器直接档工作无异响，其他档位均有异响，说明（　　）。

A. 齿轮啮合不良或损坏　　　　　B. 第二轴后轴承松旷或损坏

C. 齿轮间隙过小引起的　　　　　D. 第二轴前轴承损坏

24. 变速驱动桥阀体上固定螺栓有（　　）个。

A. 5　　　　　B. 7　　　　　C. 9　　　　　D. 10

25. 变速驱动桥装车的第一步应该（　　）。

A. 在车下将变速驱动桥移至与发动机对齐

B. 将变速驱动桥置于专用拆装千斤顶上，插好安全链条

C. 将变速驱动桥移向发动机，并使变矩器的导向柱插入曲轴导向孔中，以多用途润滑脂润滑变矩器导向柱

D. 插入 1~2 个变矩器壳体固定螺栓，以固定变速驱动桥位置

26. 差速器壳承孔与半轴齿轮轴颈的配合间隙为（　　）mm。

A. 0.05~0.15　　B. 0.05~0.25　　C. 0.15~0.25　　D. 0.25~0.35

27. 差速器壳体修复工艺程序的第二步应该（　　）。

A. 彻底清理差速器壳体内外表面

B. 根据全面检验的结论，确定修理内容及修复工艺

C. 差速器轴承与壳体及轴颈的配合应符合原设计规定

D. 差速器壳连接螺栓拧紧力矩应符合原设计规定

28. 差速器壳体修复工艺程序的第一步应该（　　）。

A. 彻底清理差速器壳体内外表面

B. 根据全面检验的结论，确定修理内容及修复工艺

C. 差速器轴承与壳体及轴颈的配合应符合原设计规定

D. 差速器壳连接螺栓拧紧力矩应符合原设计规定

29. 拆卸制动鼓，必须用（　　）。

A. 梅花扳手　　B. 专用扳手　　C. 常用工具　　D. 以上均正确

30. 检测车轮动平衡时，当平衡机主轴带动车轮旋转时，若车轮质量不平衡，将引起（　　）振动。

A. 被安装车轮主轴的一端　　　　B. 被安装车轮主轴的另一端

C. 主轴　　　　　　　　　　　　D. 前轴

31. 出现制动跑偏故障，如果轮胎气压一致，用手触摸跑偏一边的制动鼓和轮毂轴承过热，应（    ）。

A. 检查左右轴距是否相等

B. 检查前束是否符合要求

C. 两侧主销后倾角或车轮外倾角是否不等

D. 调整制动间隙或轮毂轴承

32. 出现制动跑偏故障，如果轮胎气压一致，用手触摸跑偏一边的制动鼓和轮毂轴承过热，应（    ）。

A. 检查钢板弹簧是否折断或弹力不足

B. 调整制动间隙或轮毂轴承

C. 检查前束是否符合要求

D. 检查左右轴距是否相等

33. 传动系由（    ）等组成。

A. 离合器、变速器、冷却装置、主减速器、差速器、半轴

B. 离合器、变速器、起动装置、主减速器、差速器、半轴

C. 离合器、变速器、万向传动装置、主减速器、差速器、半轴

D. 离合器、变速器、电子控制装置、主减速器、差速器、半轴

34. 从动盘铆钉埋入深度不小于（    ）mm，超过极限值，应更换从动盘总成。

A. 0.2    B. 0.3    C. 0.4    D. 0.6

34. 低档、倒档制动带（    ）调节螺钉。

A. 共用    B. 单独    C. 以上均不对    D. 以上均正确

36. 分动器里程表软轴的弯曲半径不得小于（    ）mm。

A. 50    B. 150    C. 100    D. 200

37. 氟利昂 R12 在水中（    ）。

A. 溶解度较大    B. 溶解度较小    C. 可任意比例互溶    D. 不溶解

38. 钢板弹簧卡子内侧与钢板弹簧侧的间隙应该为（    ）mm。

A. 0.7～1.0    B. 0.8～10    C. 0.9～1.0    D. 以上均正确

39. 钢板弹簧应该视需要进行（    ）处理恢复弹性。

A. 冷    B. 热    C. 不需要    D. 以上均正确

40. 钢板弹簧座定位孔磨损不大于（    ）mm。

A. 1.5    B. 2.5    C. 3    D. 3.5

41. 钢板弹簧座上 U 形螺栓孔及定位孔的磨损量应不大于（    ）mm，否则，进行堆焊修理。

A. 0.2    B. 0.6    C. 1    D. 1.4

42. 给轮胎按标准充气，为保持轮胎缓和路面冲击的能力，充气标准可（    ）最高气压。

A. 等于    B. 略低于    C. 略高于    D. 高于

43. 更换制动踏板时，必须测量调整制动踏板的（    ）。

A. 自由间隙    B. 自由行程    C. 工作行程    D. 以上均正确

44. 汽车行驶时，声响杂乱无规则，时而出现金属撞击声，说明（　　）。

A. 中间支承轴承内圈过盈配合松旷

B. 中间轴承支承架固定螺栓松动

C. 万向节轴承壳压紧过度，使之转动不灵活

D. 传动轴万向节叉损坏

45. 行驶中对加速踏板高度和车速进行变换，如出现"咔啦、咔啦"的撞击声，一般是（　　）原因。

A. 一般是滚针折断、碎裂或丢失

B. 多半是轴承磨损松旷或缺油

C. 说明传动轴万向节叉损坏

D. 多为中间支承轴承内圈过盈配合松旷

46. 后离合器（　　）压缩空气时，后离合器应该立刻接合并发出"砰"的响声，放出压缩空气，离合器应该（　　）。

A. 吹入，分离　　　　　B. 放出，接合

C. 以上均不对　　　　　D. 以上均正确　　E. 无要求

47. 后离合器吹入压缩空气时，后离合器应该立刻接合并出"砰"的响声，放出压缩空气，离合器应该（　　）。

A. 立即分离　　B. 立即接合　　C. 性能良好　　D. 以上均正确

48. 后制动鼓同时起（　　）作用。

A. 车轮　　　　B. 轮胎　　　　C. 轮毂　　　　D. 以上均正确

49. 检查制动蹄摩擦衬片的厚度，标准值为（　　）mm。

A. 3　　　　　B. 7　　　　　C. 11　　　　　D. 5

50. 减振器装合后，各密封件应该（　　）。

A. 良好　　　　B. 不漏　　　　C. 以上均不对　　D. 以上均正确

51. 就一般防抱死制动系统而言，下列叙述哪个正确？（　　）

A. 紧急制动时，可避免车轮抱死而造成方向失控或不稳定现象

B. ABS 出现故障时，制动系统将会完全丧失制动力

C. ABS 出现故障时，转向盘的转向力量将会加重

D. 可提高行车舒适性

52. 壳体后端面对第一、二轴轴承承孔的公共轴线的端面圆跳动公差为（　　）mm。

A. 0.15　　　B. 0.2　　　C. 0.25　　　D. 0.3

53. 空气压缩机的装配中，组装好活塞连杆组，使活塞环开口相互错开（　　）。

A. 30°　　　B. 60°　　　C. 90°　　　D. 180°

54. 离合器盖与压盘连接松旷会导致（　　）。

A. 万向传动装置异响　　　　B. 离合器异响

C. 手动变速器异响　　　　　D. 驱动桥异响

55. 利用双板侧滑试验台检测时，其侧滑量应不大于（　　）m/km。

A. 3　　　　　B. 5　　　　　C. 7　　　　　D. 10

56. 连续踏动离合器踏板，在即将分离或接合的瞬间有异响，则因为（　　）。

A. 压盘与离合器盖连接松旷　　　　B. 轴承磨损严重

C. 摩擦片铆钉松动、外露　　　　　D. 中间传动轴后端螺母松动

57. 如发现轮胎胎面中部磨损严重，则为（　　）所致。

A. 轮胎气压过低　　　　　　　　　B. 各部松旷、变形、使用不当或轮胎质量不佳

C. 前轮外倾过小　　　　　　　　　D. 轮胎气压过高

58. 如发现轮胎胎面中部磨损严重，则为（　　）所致。

A. 轮胎气压过高　　　　　　　　　B. 各部松旷、变形、使用不当或轮胎质量不佳

C. 前轮外倾过小　　　　　　　　　D. 轮胎气压过低

59. 轮胎螺母拆装机是一种专门用于拆装（　　）的工具。

A. 活塞环　　　B. 活塞销　　　C. 顶置式气门弹簧　　D. 轮胎螺母

60. 内、外万向节球毂、球笼壳及钢球严重磨损，应（　　）。

A. 更换内、外万向节球毂　　　　　B. 更换球笼壳

C. 更换钢球　　　　　　　　　　　D. 更换万向节总成

61. 排除前轮摆振故障的第一步应该（　　）。

A. 查看前轮是否装用翻新轮胎　　B. 前桥与转向系统各连接部位是否松旷

C. 轻轻地左右转动转向盘　　　　D. 检查转向器在车架上的固定情况

62. 排除防抱死制动装置失效故障后应该（　　）。

A. 检验驻车制动器是否完全释放　　B. 清除故障码

C. 进行路试　　　　　　　　　　　D. 检查制动液液面是否在规定的范围内

63. 汽车车身一般包括（　　）、车底、侧围、顶盖和后围等部件。

A. 车前　　　　B. 车后　　　　C. 车顶　　　　D. 前围

64. 汽车车身一般包括车前、车底、侧围、顶盖和（　　）等部件。

A. 车前　　　　B. 车后　　　　C. 车顶　　　　D. 前围

65. 汽车行驶一定里程后，用手触摸制动鼓，若感觉个别制动鼓发热，则故障在（　　）。

A. 踏板轴及连杆机构的润滑情况不好　B. 制动主缸

C. 车轮制动器　　　　　　　　　　D. 踏板轴及连杆机构的润滑情况不好

66. 汽车行驶一定里程后，用手触摸制动鼓均感觉发热，表明故障在（　　）。

A. 踏板轴及连杆机构的润滑情况不好　B. 制动主缸

C. 车轮制动器　　　　　　　　　　D. 踏板轴及连杆机构的润滑情况不好

67. 汽车行驶一定里程后，用手触摸制动鼓感觉发热，这种现象属于（　　）。

A. 制动踏板不能迅速回位　　　　　B. 制动主缸

C. 车轮制动器　　　　　　　　　　D. 踏板轴及连杆机构的润滑情况不好

68. 汽车起步时，车身发抖并能听到"咔啦、咔啦"的撞击声，且在车速变化时响声更加明显。车辆在高速档低速行驶时，响声增强，抖动更严重。其原因可能是（　　）。

A. 制动跑偏　　B. 制动抱死　　C. 制动拖滞　　　D. 制动失效

69. （　　）会使前轮外倾发生变化，造成轮胎单边磨损。

A. 纵横拉杆或转向机构松旷

B. 钢板弹簧 U 形螺栓松旷

C. 轮毂轴承（松旷或转向节与主销松旷）

D. 前钢板吊耳销和衬套磨损

70. 汽车上采用的液压传动装置以容积式为工作原理的常称为（　　　）。

A. 液力传动 　　　　　　　　B. 液压传动

C. 气体传动 　　　　　　　　D. 液体传动

71. 检测汽车转向轮的侧滑量前，应将车辆对正侧滑试验台，并使转向盘处于（　　　）位置。

A. 左极限 　　　B. 右极限 　　　C. 正中间 　　　D. 自由

72. 汽车转向轮侧滑量的检测应在（　　　）上进行。

A. 制动试验台 　　B. 滚筒试验台 　　C. 侧滑试验台 　　　D. 操作平台

73. 驱动桥的通气塞一般位于桥壳的（　　　）。

A. 上部 　　　B. 下部 　　　C. 与桥壳平行 　　　D. 后部

74. 驱动桥油封轴颈的径向磨损不大于（　　　）mm，油封轴颈端面磨损后，轴颈位的长度应大于油封的厚度。

A. 0.15 　　　B. 0.20 　　　C. 0.25 　　　D. 0.30

75. 如果前轮轮胎呈现胎冠两肩磨损、中部磨损、单边磨损、锯齿状磨损、波浪状磨损等。若呈现无规律磨损，则为（　　　）原因造成。

A. 轮胎气压过低 　　　　　　B. 各部松旷、变形、使用不当或轮胎质量不佳

C. 前轮外倾过小 　　　　　　D. 前束过小或负前束

76. 若制动蹄变形、裂纹或不均匀磨损，则应（　　　）。

A. 继续使用 　　　　　　　　B. 更换新品

C. 修复后使用 　　　　　　　D. 换到其他车上继续使用

77. 若制动拖滞故障出现在制动主缸，应先检查（　　　）。

A. 踏板自由行程是否过小

B. 制动踏板回位弹簧弹力是否不足

C. 踏板轴及连杆机构的润滑情况是否良好

D. 回油情况

78. 若自动变速器控制系统工作正常，ECU 内没有故障码，则故障警告灯以每秒（　　　）次的频率连续闪亮。

A. 1 　　　　B. 2 　　　　C. 3 　　　　D. 4

79. 伺服油缸作用孔（　　　）压缩空气，制动带应该制动。

A. 放出 　　　B. 吹入 　　　C. 不变 　　　D. 以上均正确

80. 手动变速器总成竣工验收时，进行无负荷和有负荷试验，第一轴转速为（　　　）r/min。

A. 500 ~ 800 　　B. 800 ~ 1000 　　C. 1000 ~ 1400 　　D. 1400 ~ 1800

81. 手动变速器总成竣工验收时，进行无负荷试验时间各档运行应大于（　　　）min。

A. 5 　　　　B. 10 　　　　C. 15 　　　　D. 20

82. 手动变速器总成竣工验收，首先应该（　　　）。

A. 进行无负荷和有负荷试验 　　　　B. 加注清洁变速器油

C. 用普通声级计测定噪声　　　　　D. 检视密封状况

83. 双手左右抓住转向盘；沿转向轴轴线方向做上下拉压动作，如果感到有明显的松旷量，则故障在（　　）。

A. 转向器内主从动部分啮合部位松旷或垂臂轴承松旷

B. 转向盘与转向轴之间松旷

C. 转向器主动部分轴承松旷　　　　D. 转向器在车架上的固定不好

84. 输出轴变形的修复应采用（　　）。

A. 热压校正　　　B. 冷法校正　　　C. 高压校正　　　　D. 高温后校正

85. 踏下制动踏板感到高而硬，踏不下去。汽车起步困难，行驶无力。当松抬加速踏板踏下离合器踏板时，尚有制动感觉，这种现象属于（　　）。

A. 制动拖滞　　　B. 制动抱死　　　C. 制动跑偏　　　　D. 制动失效

86. 胎冠由内侧向外侧呈锯齿状磨损是由下列（　　）原因造成的。

A. 前轮外倾过大　　　　　　　　　B. 前轮外倾过小

C. 前轮前束过小　　　　　　　　　D. 前轮前束过大

87. 万向节出现转动卡滞现象，应（　　）。

A. 只需更换万向节　　　　　　　　B. 更换万向节总成

C. 更换钢球　　　　　　　　　　　D. 更换球笼壳

88. 万向节球毂花键磨损松旷时，应（　　）。

A. 更换内万向节球毂　　　　　　　B. 更换球笼壳

C. 更换万向节总成　　　　　　　　D. 更换外万向节球毂

89. 为保持轮胎缓和路面冲击的能力，给轮胎的充气标准可（　　）最高气压。

A. 略低于　　　B. 略高于　　　　C. 等于　　　　　　D. 高于

90. 下列不属于前轮摆振故障产生的原因的是（　　）。

A. 前钢板弹簧 U 形螺栓松动或钢板销与衬套配合松动

B. 后轮动不平衡　　　　C. 前轮轴承间隙过大，轮毂轴承磨损松旷

D. 直拉杆臂与转向节臂的连接松旷

91. 下列不属于前轮摆振故障产生的原因的是（　　）。

A. 汽车经常行驶在拱度较大的路面上

B. 转向器内主从动部分啮合间隙或轴承间隙过大

C. 转向器垂臂与垂臂轴配合松旷　　　D. 纵横拉杆球关节配合松旷

92. 下列关于液压制动系统的检修说法，错误的是（　　）。

A. 齿条表面涂转向器润滑脂，用相应的专用套管将各密封件装入转向器壳体中

B. 拉出制动蹄的时候，要注意哪一面朝外

C. 若制动蹄变形、出现裂纹或不均匀磨损，则应更换新品

D. 制动盘的最小允许厚度为 5.0mm

93. 下列关于自动变速器驱动桥中各总成装合与调整的说法，错误的是（　　）。

A. 把百分表支架装在驱动桥壳体上，使百分表触头对着输出轴中心孔上粘着的钢球，用专用工具推、拉并同时转动输出轴，将输出轴轴承装合到位

B. 输出轴和齿轮总成保持不动（可用 2 个螺钉将一扳杆固定在输出轴齿轮上），装上输

出轴垫圈和螺母，按照规定力矩拧紧

C. 用扭力扳手转动输出轴，检查输出轴的转动力矩，此时所测力矩是开始转动所需的力矩

D. 将输出轴、轴承及调整垫片装入驱动桥壳体内，以专用螺母作为压装工具将输出轴齿轮及轴承压装到位

94. 下列关于自动变速器驱动桥中各总成装合与调整的说法，错误的是（　　　）。

A. 将输出轴、轴承及调整垫片装入驱动桥壳体内，以专用螺母作为压装工具将输出轴齿轮及轴承压装到位

B. 出轴和齿轮总成保持不动（可用2个螺钉将一扳杆固定在输出轴齿轮上），装上输出轴垫圈和螺母，按照规定力矩拧紧

C. 把百分表支架安装在驱动桥壳体上，使百分表触头对着输出轴中心孔上粘着的钢球，用专用工具推、拉并同时转动输出轴，将输出轴轴承装合到位

D. 用扭力扳手转动输出轴，检查输出轴的转动力矩，此时所测力矩是开始转动所需的力矩

95. 下列哪些原因不可能导致制动跑偏现象？（　　　）

A. 前轮左、右轮轮胎气压不一致

B. 前钢板弹簧左、右弹力不一致

C. 一侧前轮制动器制动间隙过小或轮毂轴承过紧

D. 转向性能良好

96. 下列哪种现象不属于制动跑偏？（　　　）

A. 制动突然跑偏　　　　　　　　B. 向右转向时制动跑偏

C. 有规律的单向跑偏　　　　　　D. 无规律的忽左忽右的跑偏

97. 下列哪种现象不属于制动跑偏？（　　　）

A. 有规律的单向跑偏　　　　　　B. 制动突然跑偏

C. 向右转向时制动跑偏　　　　　D. 无规律的忽左忽右的跑偏

98. 下列哪种现象属于制动拖滞？（　　　）

A. 汽车行驶时，有时出现两前轮各自围绕主销进行角振动的现象，即前轮摆振

B. 轮胎胎面磨损不均匀，胎冠两肩磨损，胎壁擦伤，胎冠中部磨损

C. 驾驶人必须紧握转向盘方能保证直线行驶，若稍微放松转向盘，汽车便自行跑向一边

D. 踏下制动踏板感到高而硬，踏不下去。汽车起步困难，行驶无力。当松抬加速踏板踏下离合器踏板时，尚有制动感觉

99. 下列属于前轮摆振现象的是（　　　）。

A. 轮胎胎面磨损不均匀，胎冠两肩磨损，胎壁擦伤

B. 汽车行驶时，有时出现两前轮各自围绕主销进行角振动的现象

C. 胎冠由外侧向里侧呈锯齿状磨损，胎冠呈波浪状磨损，胎冠呈碟边状磨损

D. 胎冠中部磨损，胎冠外侧或内侧单边磨损

100. 下列属于前轮摆振现象的是（　　　）。

A. 轮胎胎面磨损不均匀，胎冠两肩磨损，胎壁擦伤

B. 胎冠中部磨损，胎冠外侧或内侧单边磨损

C. 胎冠由外侧向里侧呈锯齿状磨损，胎冠呈波浪状磨损，胎冠呈碟边状磨损

D. 汽车行驶时，有时出现两前轮各自围绕主销进行角振动的现象

101. 下列属于驱动桥装配验收的项目有（      ）。

A. 检查转向盘的自由行程　　　　　B. 调整前轮前束

C. 调整最大转向角　　　　　　　　D. 装复车轮制动器

102. 下列属于防抱死制动装置失效现象的是（      ）。

A. 汽车行驶时，有时出现两前轮各自围绕主销进行角振动的现象，即前轮摆振

B. 防抱死控制系统警告灯持续点亮，感觉防抱死控制系统工作不正常

C. 驾驶人必须紧握转向盘方能保证直线行驶，若稍微放松转向盘，汽车便自行跑向一边

D. 踏下制动踏板感到高而硬，踏不下去。汽车起步困难，行驶无力。当松抬加速踏板踏下离合器踏板时，尚有制动感觉

103. 下列现象不属于轮胎异常磨损的是（      ）。

A. 胎冠中部磨损　　　　　　　　　B. 胎冠外侧或内侧单边磨损

C. 胎冠由外侧向里侧呈锯齿状磨损　D. 轮胎爆胎

104. 下列制动跑偏的原因中不包括（      ）。

A. 制动踏板损坏　　　　　　　　　B. 有一侧钢板弹簧错位或折断

C. 转向桥或车架变形，左右轴距相差过大

D. 主销后倾角或车轮外倾角不等，前束不符合要求

105. 循环球式转向器中的转向螺母可以（      ）。

A. 转动　　　　B. 轴向移动　　　　C. A、B均可　　　　D. A、B均不可

106. 液压泵分为（      ）、齿轮泵、叶片泵、柱塞泵等四种。

A. 低压泵　　　　B. 高压泵　　　　C. 喷油泵　　　　D. 螺杆泵

107. 液压辅件是液压系统的一个重要组成部分，它包括蓄能器、过滤器、（      ）、热交换器、压力表开关和管系元件等。

A. 储能器　　　　B. 粗滤器　　　　C. 油泵　　　　D. 油箱

108. 一般ABS自诊断连接器在（      ）。

A. 电脑旁边　　　B. 转向盘左侧　　C. 转向盘右侧　　D. 转向盘下侧

109. 用百分表检查从动盘的摆差，其最大极限为（      ）mm。

A. 0.2　　　　　B. 0.3　　　　　C. 0.4　　　　　D. 0.6

110. 用百分表检查从动盘的摆差，其最大极限为0.4mm，从外缘测量径向跳动量最大为（      ）mm，超过极限值，应更换从动盘总成。

A. 2.5　　　　　B. 3.5　　　　　C. 4　　　　　　D. 4.5

111. 用百分表检查主减速器壳上安装差速器轴承的承孔的同轴度，其误差应不大于（      ）mm。

A. 0.01　　　　　B. 0.02　　　　　C. 0.03　　　　　D. 0.04

112. 用反力式滚筒试验台检验时，驾驶人将车辆驶向滚筒，位置摆正，变速器置于（      ），起动滚筒。

A. 倒档      B. 空档      C. 前进低档      D. 前进高档

113. 用内径表及外径千分尺进行测量，轮毂外轴承与轴颈的配合间隙应不大于（    ）mm。

A. 0.02      B. 0.04      C. 0.06      D. 0.08

114. 用平板制动试验台检验，驾驶人以（    ）km/h 的速度将车辆对正平板台并驶向平板。

A. 5 ~ 10      B. 10 ~ 15      C. 15 ~ 20      D. 20 ~ 25

115. 由计算机控制的变矩器，应将其电线接头插接到（    ）上。

A. 变速驱动桥    B. 发动机    C. 蓄电池负极    D. 车速表小齿轮表

116. 在故障诊断和排除 ABS 失效故障时应该（    ）进行。

A. 按照一定的步骤        B. 先主后次的步骤

C. 怎么样都可以        D. 没有先后顺序

117. 在空档位置异响并不明显，但在汽车起步或换档的瞬间发出强烈的金属摩擦声，而在离合器完全接合后声响消失，说明（    ）。

A. 第一轴前轴承损坏        B. 常啮合齿轮啮合不良

C. 第二轴后轴承松旷或损坏        D. 第一轴后轴承响

118. 在起步时，出现"咣当"一声响或响声较杂乱，在缓坡上向后倒车时，出现"嘎巴、嘎巴"的断续声，一般是（    ）原因。

A. 一般是滚针折断、碎裂或丢失

B. 多半是轴承磨损松旷或缺油

C. 说明传动轴万向节叉等速排列破坏

D. 多为中间支承轴承内圈过盈配合松旷

119. 在诊断与排除汽车制动故障的操作准备前应准备一辆（    ）汽车。

A. 待排除的有传动系统故障的    B. 待排除的有制动系统故障的

C. 待排除的有转向系统故障的    D. 待排除的有行驶系统故障的

120. 在诊断与排除制动防抱死故障灯报警故障时，连接"STAR"扫描仪和 ABS 自诊断连接器，接通"STAR"扫描仪上的电源开关，按下中间按钮，再将车上的点火开关转到 ON 位置，如果有故障码存储在 ECU 中，那么在（    ）s 内将从扫描仪的显示器显示出来。

A. 15      B. 30      C. 45      D. 60

121. 在做车轮动平衡检测时，其主轴振幅的大小，在一定转速下，只与（    ）。

A. 车轮不平衡质量大小成正比    B. 车轮不平衡质量大小成反比

C. 车轮质量成正比        D. 车轮质量成反比

122. 诊断、排除防抱死制动系统失效故障，首先应该（    ）。

A. 通过警告灯读取故障码    B. 对系统进行直观检查

C. 确认故障情况和故障症状

D. 利用必要的工具和仪器对故障部位进行深入检查

123. 诊断前轮摆振的程序，第二步是检查（    ）。

A. 前桥与转向系统各连接部位是否松旷

B. 前轮是否装用翻新轮胎

C. 前钢板弹簧 U 形螺栓

D. 前轮的径向跳动量和端面跳动量

124. 诊断前轮摆振的程序，首先应该检查（　　）。

A. 前桥与转向系统各连接部位是否松旷

B. 前轮的径向跳动量和端面跳动量

C. 前轮是否装用翻新轮胎

D. 前钢板弹簧 U 形螺栓

125. 诊断与排除底盘异响需要下列哪个操作准备？（　　）

A. 汽车故障排除工具及设备　　　　B. 故障诊断仪

C. 一辆无故障的汽车　　　　　　　D. 解码仪

126. 制动鼓内径标准值为（　　）mm。

A. 200　　　　　　B. 190　　　　　　C. 180　　　　　　D. 181

127. 制动鼓内径磨损量不超过（　　）mm。

A. 1　　　　　　　B. 2　　　　　　　C. 3　　　　　　　D. 5

128. 制动气室（　　）出现凹陷，可以用敲击法整形。

A. 内壁　　　　　B. 外壳　　　　　C. 弹簧　　　　　D. 以上均正确

129. 制动气室外壳出现（　　），可以用敲击法整形。

A. 凸出　　　　　B. 凹陷　　　　　C. 裂纹　　　　　D. 以上均正确

130. 制动时驾驶人必须紧握转向盘方能保证直线行驶，若稍微放松转向盘，汽车便自行跑向一边。这种现象属于（　　）。

A. 制动拖滞　　B. 制动抱死　　C. 制动跑偏　　　D. 制动失效

131. 制动踏板自由行程大于规定值，应该（　　）。

A. 调整　　　　　B. 调大　　　　　C. 继续使用　　　D. 以上均正确

E. 无要求

132. 制动蹄摩擦衬垫磨损量为（　　）mm。

A. 2.5　　　　　B. 5　　　　　　　C. 3　　　　　　　D. 1　　　　　E. 无要求

133. 制动蹄与制动蹄轴锈蚀，使制动蹄转动回位困难会导致（　　）。

A. 制动失效　　B. 制动跑偏　　C. 制动抱死　　　D. 制动拖滞

134. 制动性能试验台的技术要求中，对于机动车制动完全释放时间对单车不得大于（　　）s。

A. 0.2　　　　　B. 0.5　　　　　　C. 0.8　　　　　　D. 1.2

135. 转弯半径是指由转向中心到（　　）。

A. 内转向轮与地面接触点间的距离

B. 外转向轮与地面接触点间的距离

C. 内转向轮之间的距离　　　　　D. 外转向轮之间的距离

136. 转向传动机构的横、直拉杆的球头销按顺序装好后，要对其进行（　　）调整。

A. 紧固　　　　　B. 间隙　　　　　C. 预紧度　　　　D. 侧隙

137. 转向器补偿器压盖和油压分配阀罩的螺栓拧紧力矩为（　　）N·m。

A. 10          B. 15          C. 20          D. 30

138. 转向器中蜗杆轴承与蜗杆轴配合的最大间隙不得大于原计划规定的（    ）mm。

A. 0.002       B. 0.006       C. 0.02        D. 0.2

139. 转向器中蜗杆轴承与蜗杆轴配合的最大间隙不得大于原计划规定的（    ）mm。

A. 0.002       B. 0.02        C. 0.006       D. 0.06

140. 转向系统大修技术检验规范包括（    ）。

A. 螺杆有损坏    B. 螺杆无损坏    C. 螺杆有损坏    D. 以上均正确

141. 装好输出轴齿轮、垫圈和螺母，应该（    ）。

A. 按规定力矩拧紧              B. 任意力矩拧紧

C. 以上均不对                  D. 以上均正确        E. 无要求

142. 装配变速驱动桥时，回旋低档和倒档制动带调节螺钉，使制动带达到（    ）张开程度。

A. 最小          B. 最大          C. 中等          D. 不

143. 自动变速器中间轴端隙（    ），会出现轴向窜动，有噪声。

A. 过大          B. 过小          C. 合适          D. 以上均正确

144. 自动变速器中间轴端隙用（    ）测量，用（    ）调整。

A. 游标卡尺，增垫              B. 螺旋测微器，减垫

C. 百分表，增减垫              D. 以上均正确        E. 无要求

**（三）判断题**

（    ）1. 安装 ABS 的车辆制动时，可用力踏制动踏板。

（    ）2. 安装 ABS 的车辆制动时，制动距离没有变化。

（    ）3. 安装完毕的转向桥的转向节一般用弹簧拉动检查，看其是否转动灵活。

（    ）4. 半轴套管中间两轴颈径向跳动不得大于 0.05mm。变形超过规定时，可采用高温高压校正的方法。

（    ）5. 半轴套管中间两轴颈径向跳动不得大于 0.05mm。变形超过规定时，不可采用高温高压校正的方法。

（    ）6. 变速器拨叉端面对变速叉轴孔轴线的垂直度公差为 0.40mm。

（    ）7. 变速器拨叉端面磨损量应不大于 0.40mm。

（    ）8. 变速器壳体出现裂纹、各接合平面发生明显的翘曲变形，或各轴承座孔磨损严重与轴承配合松旷时，应换用新件。

（    ）9. 变速器壳体螺纹孔的损伤不超过 2 牙。

（    ）10. 变速器前、后壳体及后盖、侧盖间各密封衬垫在拆卸后必须换用新件。

（    ）11. 变速器输出轴弯曲变形应采用冷法校正。

（    ）12. 差速器壳连接螺栓拧紧力矩应符合原设计规定。

（    ）13. 差速器壳体修复工艺程序的第一步是彻底清理差速器壳体内外表面。

（    ）14. 传动系统各部件松动会导致前轮摆振。

（    ）15. 传动轴万向节叉等速排列破坏，会导致发动机怠速运转，离合器在分离、接合或汽车起步等不同时刻出现异响。

（　　　）16. 从动盘铆钉松动、钢片破裂或减振弹簧折断会导致变速器工作时发出不均匀的碰击声。

（　　　）17. 弹簧秤可测量起动机的最大转矩。

（　　　）18. 弹簧管式机油压力表安装时必须保证管口的密封，以防漏油。

（　　　）19. 防抱死控制系统的警告灯持续点亮或感觉防抱死控制系统工作不正常，说明制动拖滞。

（　　　）20. 分动器的清洗和换油方法与变速器相同。

（　　　）21. 分动器里程表软轴的弯曲半径不得小于200mm。

（　　　）22. 分离轴承缺少润滑油或损坏，会导致发动机怠速运转，离合器在分离、接合或汽车起步等不同时刻出现异响。

（　　　）23. 高速摆振指汽车在高速行驶时或在某一较高车速时，出现行驶不稳摆头。

（　　　）24. 检查油底壳螺栓孔上表面是否平整。若不平整，应用锤轻击平整，以确保密封。

（　　　）25. 轿车车身修复一般采用的是整形法，通过收缩、撑拉、垫撬复位、焊、铆、挖补、粘结、涂装等方法，从而达到恢复原有形状、尺寸、结构强度及外观质量的目的。

（　　　）26. 汽车经常行驶在拱度较大的路面上与轮胎异常磨损无关。

（　　　）27. 开关控制的普通方向控制阀包括单向阀和换向阀两类。

（　　　）28. 壳体与行星齿轮、半轴齿轮垫片的接触面应光滑、无沟槽。

（　　　）29. 空气压缩机缸体出现裂纹，可以利用焊修进行修复使用。

（　　　）30. 控制阀是用来控制或调节液压系统中液流的流动方向、压力和流量，从而控制执行元件的运动方向、阻力、运动速度、动作顺序以及限制或调节液压系统的工作压力等。

（　　　）31. 轮胎胎面磨损不均匀，胎冠两肩磨损，胎壁擦伤，胎冠中部磨损，胎冠外侧或内侧单边磨损都属于轮胎正常磨损。

（　　　）32. 排除防抱死制动系统失效故障后警告灯仍然持续点亮，说明系统故障码未被清除。

（　　　）33. 汽车行驶一定里程后，用手触摸制动鼓感觉发热，这种现象属于制动跑偏。

（　　　）34. 汽车行驶一定里程后，用手触摸制动鼓均感觉发热，表明故障出在车轮制动器。

（　　　）35. 汽车行驶时，声响随车速增大而增大，若声响混浊、沉闷而连续，说明传动轴万向节叉等速排列破坏。

（　　　）36. 汽车出现加速无力故障，其原因离合器打滑。

（　　　）37. 汽车进行滑行性能检测时，使车辆以3～5km/h的车速沿平台上的指示线平稳前行，在行进过程中不得转动转向盘。

（　　　）38. 汽车起步时，车身发抖并能听到"咔啦、咔啦"的撞击声，且在车速变化时响声更加明显。车辆在高速档低速行驶时，响声增强，抖动更严重。其原因可能是万向传动装置出现故障。

（　　　）39. 汽车在不平道路上行驶时发生前轮摆头，这是不平道路对前梁产生冲击进而使前轮绕主销角振动造成的。

（　）40. 前轮左、右轮轮胎气压不一致，前钢板弹簧左、右弹力不一致可能导致制动跑偏。

（　）41. 驱动桥的齿轮油可以随意加注。

（　）42. 如果胎面呈现羽片状磨损，则为前束过大所致。

（　）43. 若变矩器为原车所配，则柔性板与变矩器的装配不用标记对齐。

（　）44. 若助力器出现故障不能单独修理，应拆下伺服机构，或更换新助力器，或把该车交给维修站修理。

（　）45. 手动变速器总成竣工验收时，进行无负荷和有负荷试验，第一轴转速为1000～1400r/min。

（　）46. 手动变速器总成竣工验收时，进行无负荷试验时间各档运行应大于1min。

（　）47. 所有汽车都安装有空气净化装置。

（　）48. 踏下离合器踏板，响声在离合器前面，则说明变速器内有故障。

（　）49. 踏下制动踏板感到高而硬，踏不下去。汽车起步困难，行驶无力。当松抬加速踏板踏下离合器踏板时，尚有制动感觉，这种现象属于制动拖滞。

（　）50. 提高转向系统刚度不会提高抵抗前轮摆头的能力。

（　）51. 调整轮毂轴承预紧度时，需将调整螺母旋到底，装上锁止垫，按规定力矩拧紧锁止螺母。

（　）52. 万向节球毂花键磨损松旷时，应更换万向节球毂。

（　）53. 万向节总成损坏时，不得拼凑使用及单件更换。

（　）54. 为保持轮胎缓和路面冲击的能力，充气标准可高于最高气压。

（　）55. 循环球式转向器中的螺杆螺母传动副的螺纹是直接接触的。

（　）56. 严格遵守充气标准是防止轮胎早期磨损、达到最长使用寿命的基本条件。

（　）57. 液压泵分为叶片泵、齿轮泵、柱塞泵、高压泵。

（　）58. 液压传动系统由动力装置、执行装置、控制装置、辅助装置等组成。

（　）59. 液压传动易获得很大的输出力或力矩，易于实现大幅度减速，但不能实现大范围的无级变速。

（　）60. 用底盘测功机检测汽车等速百公里燃料消耗量时，环境温度应为0～40℃。

（　）61. 用检视法检查，转向节轴端螺纹损伤超过2牙时，应堆焊修复，并重新车削螺纹。

（　）62. 用卡尺测量膜片弹簧的深度和宽度。磨损深度大于0.6mm，宽度大于5mm，应予以更换。

（　）63. 用内、外径量具测量，主销衬套内孔磨损超过0.70mm，或衬套与主销的配合间隙超过0.20mm时，应更换主销衬套。

（　）64. 用手触摸制动鼓和轮毂轴承若发现过热，肯定是制动跑偏故障。

（　）65. 有制动跑偏故障的汽车即使驾驶人紧握转向盘方能保证直线行驶，制动也可能会跑偏。

（　）66. 在任何档位、任何车速下均有"咝、咝"声，且伴有过热现象，说明齿轮啮合间歇过小。

（　）67. 在诊断与排除汽车制动故障的操作准备前，应准备一辆待排除的有制动故障的汽车。

（　　）68. 在做车轮动平衡检测时，其主轴振幅的大小，在一定转速下，只与车轮不平衡质量大小成反比。

（　　）69. 诊断与排除底盘异响所用的汽车一般是有故障的汽车。

（　　）70. 诊断与排除底盘异响一般用故障诊断仪进行诊断。

（　　）71. 只要驾驶人紧握转向盘方能保证直线行驶，制动就会跑偏。

（　　）72. 制动鼓内径随着使用时间的增长逐渐减小。

（　　）73. 制动踏板自由行程大于规定值，必须调整。

（　　）74. 制动蹄摩擦片与制动鼓间隙过小，制动蹄回位弹簧过软、折断会导致制动跑偏。

（　　）75. 制动蹄与制动蹄轴锈蚀，使制动蹄转动回位困难会导致制动拖滞。

（　　）76. 轴承的钢球（柱）和滚道上不得有伤痕、剥落、破裂、严重黑斑或烧损变色等缺陷。

（　　）77. 转向节衬套与主销配合松旷，或转向节与前梁拳形部位沿主销轴线方向配合松旷不会导致前轮摆振故障。

（　　）78. 转向盘自由行程越小越好。

（　　）79. 转向器装合后，应该进行检查。

（　　）80. 转向桥或车架变形，左右轴距相差过大，正时齿轮故障与制动跑偏现象没有关系。

（　　）81. 左右轴距不相等，转向桥或车架变形可能导致制动跑偏。

# 九、模 拟 考 试

## 模拟考试（一）

一、单选题（第1题～第160题。请选择一个正确的答案，将相应的字母填入题内的括号中。每题0.5分，满分80分）

1. 纪律也是一种行为规范，但它是介于法律和（　　）之间的一种特殊的规范。

A. 法规　　　　　　B. 道德　　　　　　C. 制度　　　　　　D. 规范

2. （　　）的基本职能是调节职能。

A. 职业道德　　　　B. 社会责任　　　　C. 社会意识　　　　D. 社会公德

3. （　　）是社会主义职业道德的灵魂。

A. 为社会服务　　　B. 为行业服务　　　C. 为企业服务　　　D. 为人民服务

4. 职业道德调节职业交往中从业人员内部以及与（　　）服务对象间的关系。

A. 从业人员　　　　B. 职业守则　　　　C. 道德品质　　　　D. 个人信誉

5. 职业意识是指人们对职业岗位的评价、（　　）和态度等心理成分的总和，其核心是爱岗敬业精神，在本职岗位上能够踏踏实实地做好工作。

A. 接受　　　　　　B. 态度　　　　　　C. 情感　　　　　　D. 许可

6. 职业素质是（　　）对社会职业了解与适应能力的一种综合体现，其主要表现在职业兴趣、职业能力、职业个性及职业情况等方面。

A. 消费者　　　　　B. 生产者　　　　　C. 劳动者　　　　　D. 个人

7. 中国共产党领导的多党合作和政治协商制度是中华人民共和国的一项（　　），是具有中国特色的政党制度。

A. 基本制度　　　　B. 政治制度　　　　C. 社会主义制度　　D. 基本的政治制度

8. 纪律也是一种行为规范，但它是介于法律和（　　）之间的一种特殊的规范。

A. 法规　　　　　　B. 道德　　　　　　C. 制度　　　　　　D. 规范

9. 劳动权主要体现为平等（　　）和选择职业权。

A. 基本要求　　　　B. 劳动权　　　　　C. 就业权　　　　　D. 实话实说

10. 利用量缸表可以测量发动机气缸、曲轴轴承的圆度和圆柱度，其测量精度为（　　）。

A. 0.05mm　　　　B. 0.02mm　　　　C. 0.01mm　　　　D. 0.005mm

11. 常用的台虎钳有（　　）和固定式两种。

A. 齿轮式　　　　　B. 回转式　　　　　C. 蜗杆式　　　　　D. 齿条式

12. 零件图的标题栏应包括零件的名称、材料、数量、图号和（　　）等内容。

A. 比例      B. 公差      C. 热处理      D. 表面粗糙度

13. 正弦交流电的三要素是（   ）、角频率和初相位。

A. 最小值      B. 平均值      C. 最大值      D. 代数值

14. 当加在硅二极管两端的正向电压从 0 开始逐渐增大时，硅二极管（   ）。

A. 立即导通           B. 到 0.3V 时才开始导通

C. 超过死区电压时才开始导通      D. 不导通

15. 单相直流稳压电源有电源变压器、整流、滤波、（   ）组成。

A. 电源      B. 稳压电路      C. 电网      D. 硅整流元件

16. 液压阀是液压系统中的（   ）。

A. 控制元件      B. 执行元件      C. 动力元件      D. 辅助元件

17. 开关控制的普通方向控制阀包括（   ）两类。

A. 单向阀和换向阀           B. 双向阀和换向阀

C. 溢流阀和减压阀           D. 减压阀和单向阀

18. 传动系统由（   ）等组成。

A. 离合器、变速器、冷却装置、主减速器、差速器、半轴

B. 离合器、变速器、起动装置、主减速器、差速器、半轴

C. 离合器、变速器、万向传动装置、主减速器、差速器、半轴

D. 离合器、变速器、电子控制装置、主减速器、差速器、半轴

19. 发动机的缸体曲轴箱组包括气缸体、下曲轴箱、（   ）、气缸盖和气缸垫等。

A. 上曲轴箱      B. 活塞      C. 连杆      D. 曲轴

20. 起动机的（   ）种类有机械操纵式和电磁操纵式两类。

A. 增速机构      B. 控制机构      C. 传动机构      D. 减速机构

21. 发动机起动后，应（   ）检查各仪表的工作情况是否正常。

A. 及时      B. 滞后      C. 途中      D. 熄火后

22. （   ）与血红蛋白结合，造成血液输氧能力下降，导致人体缺氧。

A. CO      B. HC      C. 氮氧化物      D. 固体颗粒

23. 全面质量管理概念最早由（   ）的质量管理专家提出。

A. 加拿大      B. 英国      C. 法国      D. 美国

24. 下列不应属于汽车维修质量管理方法的是（   ）。

A. 制订计划           B. 建立质量分析制度

C. 预测汽车故障           D. 制订提高维修质量措施

25. 汽油机的爆燃响声、柴油机的工作粗暴声属于（   ）异响。

A. 机械      B. 燃烧      C. 空气动力      D. 电磁

26. 电控发动机怠速不平稳原因有进气管真空渗漏和（   ）等。

A. 电动汽油泵不工作           B. 曲轴位置传感器失效

C. 点火正时失准           D. 爆燃传感器失效

27. 若发动机曲轴主轴承响，则其响声随发动机转速的提高而（   ）。

A. 减小      B. 增大      C. 先增大后减小    D. 先减小后增大

28. 若发动机连杆轴承响，响声会随发动机负荷增加而（   ）。

A. 减小　　　　　B. 增大　　　　　C. 先增大后减小　　D. 先减小后增大

29. 发动机活塞敲缸异响发出的声音是（　　）声。

A. "当当"　　　B. "啪啪"　　　C. "嗒嗒"　　　　D. "噗噗"

30. 若发动机活塞销响，响声会随发动机负荷增加而（　　）。

A. 减小　　　　　B. 增大　　　　　C. 先增大后减小　　D. 先减小后增大

31. 发动机气门座圈异响比气门异响稍大并呈（　　）的"嚓嚓"声。

A. 无规律、忽大忽小　　　　　　B. 有规律、大小一样
C. 无规律、大小一样　　　　　　D. 有规律

32. 发动机正时齿轮异响的原因是（　　）。

A. 凸轮轴和曲轴两中心线不平行　　B. 发动机进气不足
C. 点火正时失准　　　　　　　　D. 点火线圈温度过高

33. 在起动柴油机时排气管不排烟，这时将喷油泵放气螺钉松开，扳动手油泵，观察泵放气螺钉是否流油，若不流油或有气泡冒出，表明（　　）。

A. 低压油路有故障　　　　　　　B. 高压油路有故障
C. 回油油路有故障　　　　　　　D. 高、低压油路都有故障

34. 柴油机启动时排气管冒白烟，其故障原因是（　　）。

A. 燃油箱无油或存油不足　　　　B. 柴油滤清器堵塞
C. 高压油管有空气　　　　　　　D. 燃油中有水

35. （　　）是汽车发动机无法起动的主要原因。

A. 油路不过油　　　　　　　　　B. 混合气过稀或过浓
C. 点火过迟　　　　　　　　　　D. 点火过早

36. 对于发动机无法起动这类故障的诊断，首先应检测的是（　　）。

A. 蓄电池电压　　B. 电动燃油泵　　C. 起动机　　　　D. 点火线圈

37. 柴油机动力不足，可在发动机运转中运用（　　），观察发动机转速变化，找出故障缸。

A. 多缸断油法　　B. 单缸断油法　　C. 多缸断火法　　D. 单缸断火法

38. 若发动机单缸不工作，可用（　　）找出不工作的气缸。

A. 多缸断油法　　B. 单缸断油法　　C. 多缸断火法　　D. 单缸断火法

39. 机油油耗超标的原因是（　　）。

A. 机油黏度过大　　　　　　　　B. 机油道堵塞
C. 机油漏损　　　　　　　　　　D. 机油压力表或传感器有故障

40. 若汽油机燃料消耗量过大，则应检查（　　）。

A. 油箱或管路是否漏油　　　　　B. 空气滤清器是否堵塞
C. 燃油泵是否出现故障　　　　　D. 进气管是否漏气

41. 若机油消耗超标，则应检查（　　）。

A. 机油黏度是否符合要求　　　　B. 润滑油道堵塞
C. 气门与气门导管的间隙　　　　D. 油底壳油量是否不足

42. 发动机排放超标产生的原因有（　　）。

A. 真空管漏气　　B. 点火系统有故障　　C. 各缸缸压升高　　D. 润滑系统

43. 通过尾气分析仪测量，如果是 HC 超标，首先应该检查（　　）是否工作正常，若不正常应予修理或更换。

A. 排气管　　　　B. 氧传感器　　　C. 三元催化转化器　D. EGR 阀

44. 若发动机过热，且上水管与下水管温差甚大，可判断（　　）不工作。

A. 水泵　　　　　B. 节温器　　　　C. 风扇　　　　　D. 散热器

45. 发动机产生爆燃的原因是（　　）。

A. 压缩比过小　　B. 辛烷值过低　　C. 点火过早　　　D. 发动机温度过低

46. 电控发动机工作不稳的原因是（　　）。

A. 喷油器不工作　　　　　　　　　B. 线路接触不良

C. 点火正时失准　　　　　　　　　D. 曲轴位置传感器失效

47. 若电控发动机消声器放炮，首先应检查（　　）。

A. 加速器联动拉索　B. 燃油压力　　C. 喷油器　　　　D. 火花塞

48. （　　）运转时，转速忽高忽低，认为是发动机工作不稳。

A. 传动轴　　　　　　　　　　　　B. 车轮

C. 发动机　　　　　　　　　　　　D. 传动轴、车轮、发动机均正确

49. 发动机（　　）运转时，转速忽高忽低，认为是发动机工作不稳。

A. 正常　　　　　B. 怠速　　　　　C. 高速　　　　　D. 正常、怠速、高速均正确

50. （　　）运转时，产生加速敲缸，视为爆燃。

A. 底盘　　　　　　　　　　　　　B. 发动机

C. 电器　　　　　　　　　　　　　D. 底盘、发动机、电器均正确

51. （　　）可能发生在空调工作时。

A. 失速　　　　　　　　　　　　　B. 加速

C. 失速、加速均不对　　　　　　　D. 失速、加速均正确

52. 电控汽车驾驶性能不良，可能是（　　）。

A. 混合气过浓　　　　　　　　　　B. 消声器失效

C. 爆燃　　　　　　　　　　　　　D. 混合气过浓、消声器失效、爆燃均正确

53. 发动机怠速运转，离合器在分离、接合或汽车起步等不同时刻出现异响，其原因可能是（　　）。

A. 传动轴万向节叉等速排列破坏　　B. 万向节轴承壳压得过紧

C. 分离轴承缺少润滑油或损坏　　　D. 中间轴、第二轴弯曲

54. 变速器工作时发出不均匀的碰击声，其原因可能是（　　）。

A. 分离轴承缺少润滑油或损坏

B. 从动盘铆钉松动、钢片破裂或减振弹簧折断

C. 离合器盖与压盘连接松旷

D. 齿轮齿面金属剥落或个别轮齿折断

55. 诊断与排除底盘异响需要下列哪些操作准备（　　）。

A. 汽车故障排除工具及设备　　　　B. 故障诊断仪

C. 一辆无故障的汽车　　　　　　　D. 解码仪

56. 在起步时，出现"咣当"一声响或响声较杂乱，在缓坡上向后倒车时，出现"嘎

巴、嘎巴"的断续声，一般是（　　　）原因。

  A. 一般是滚针折断、碎裂或丢失  B. 多半是轴承磨损松旷或缺油

  C. 说明传动轴万向节叉等速排列破坏 D. 多为中间支承轴承内圈过盈配合松旷

57. 发动机运转，出现"嚓、嚓"的摩擦声时，应先检查（　　　）。

  A. 飞轮         B. 离合器从动盘

  C. 离合器踏板自由行程     D. 离合器压盘

58. 变速器直接档工作无异响，其他档位均有异响，说明（　　　）。

  A. 齿轮啮合不良或损坏     B. 第二轴后轴承松旷或损坏

  C. 齿轮间隙过小        D. 第二轴前轴承损坏

59. 在读取故障码之前，应先（　　　）。

  A. 检查汽车蓄电池电压是否正常

  B. 打开点火开关，将它置于"ON"位置，但不要起动发动机

  C. 按下超速档开关，使之置于"ON"位置

  D. 根据自动变速器故障警告灯的闪亮规律读出故障码

60. （　　　）会使前轮外倾发生变化，造成轮胎单边磨损。

  A. 纵横拉杆或转向机构松旷   B. 钢板弹簧 U 形螺栓松旷

  C. 轮毂轴承松旷或转向节与主销松旷 D. 前钢板吊耳销和衬套磨损

61. 下列属于前轮摆振现象的是（　　　）。

  A. 轮胎胎面磨损不均匀，胎冠两肩磨损，胎壁擦伤

  B. 汽车行驶时，有时出现两前轮各自围绕主销进行角振动的现象

  C. 胎冠由外侧向里侧呈锯齿状磨损，胎冠呈波浪状磨损，胎冠呈碟边状磨损

  D. 胎冠中部磨损，胎冠外侧或内侧单边磨损

62. 轮胎的胎面，如发现胎面中部磨损严重，则为（　　　）所致。

  A. 轮胎气压过低

  B. 各部松旷、变形、使用不当或轮胎质量不佳

  C. 前轮外倾过小

  D. 轮胎气压过高

63. 诊断前轮摆振的程序第二步应该检查（　　　）。

  A. 前桥与转向系各连接部位是否松旷 B. 前轮是否装用翻新轮胎

  C. 前钢板弹簧 U 形螺栓     D. 前轮的径向跳动量和端面跳动量

64. 下列哪个原因不可能导致制动跑偏现象？（　　　）

  A. 前轮左、右轮轮胎气压不一致

  B. 前钢板弹簧左、右弹力不一致

  C. 一侧前轮制动器制动间隙过小或轮毂轴承过紧

  D. 转向性能良好

65. 下列哪种现象属于制动拖滞？（　　　）

  A. 汽车行驶时，有时出现两前轮各自围绕主销进行角振动的现象，即前轮摆振

  B. 轮胎胎面磨损不均匀，胎冠两肩磨损，胎壁擦伤，胎冠中部磨损

  C. 驾驶人必须紧握转向盘方能保证直线行驶，若稍微放松转向盘，汽车便自行跑向一边

D. 踏下制动踏板感到高而硬，踏不下去。汽车起步困难，行驶无力。当松抬加速踏板踏下离合器踏板时，尚有制动感觉

66. 下列属于制动防抱死装置失效现象的是（　　）。

A. 汽车行驶时，有时出现两前轮各自围绕主销进行角振动的现象，即前轮摆振

B. 防抱死控制系统警告灯持续点亮，感觉防抱死控制系统工作不正常

C. 驾驶人必须紧握转向盘方能保证直线行驶，若稍微放松转向盘，汽车便自行跑向一边

D. 踏下制动踏板感到高而硬，踏不下去。汽车起步困难，行驶无力。当松抬加速踏板踏下离合器踏板时，尚有制动感觉

67. 在诊断与排除汽车制动故障的操作准备前，应准备一辆（　　）汽车。

A. 待排除的有传动系统故障的　　　　B. 待排除的有制动系统故障的

C. 待排除的有转向系统故障的　　　　D. 待排除的有行驶系统故障的

68. 出现制动跑偏故障，如果轮胎气压一致，用手触摸跑偏一边的制动鼓和轮毂轴承过热，应（　　）。

A. 检查左右轴距是否相等

B. 检查前束是否符合要求

C. 两侧主销后倾角或车轮外倾角是否不等

D. 调整制动间隙或轮毂轴承

69. 汽车行驶一定里程后，用手触摸制动鼓均感觉发热，表明故障在（　　）。

A. 制动踏板不能迅速回位　　　　　　B. 制动主缸

C. 车轮制动器　　　　　　　　　　　D. 踏板轴及连杆机构润滑情况不好

70. 诊断、排除防抱死制动系统失效故障，第一步应该（　　）。

A. 通过警告灯读取故障码

B. 对系统进行直观检查

C. 确认故障情况和故障症状

D. 利用必要的工具和仪器对故障部位进行深入检查

71. 在诊断与排除防抱死制动故障灯报警故障时，连接"STAR"扫描仪和 ABS 自诊断连接器，接通"STAR"扫描仪上的电源开关，按下中间按钮，再将车上的点火开关转到"ON"位置，如果有故障码存储在 ECU 中，那么在（　　）s 内将从扫描仪的显示器显示出来。

A. 15　　　　　　　　B. 30　　　　　　　　C. 45　　　　　　　　D. 60

72. 前照灯搭铁不实，会造成前照灯（　　）。

A. 不亮　　　　B. 灯光暗淡　　　　C. 远近光不良　　　　D. 一侧灯不亮

73. 汽车灯光系统出现故障，除与本系统元件损坏外，还可能与（　　）有关。

A. 充电系统　　　　B. 起动系统　　　　C. 仪表报警系统　　　D. 空调系统

74. 用万用表检测照明系统线路故障，应使用（　　）。

A. 电流档　　　　B. 电压档　　　　C. 电容档　　　　D. 二极管档

75. 用万用表检测照明灯线路某点，若无电压显示，说明此点前方的线路（　　）。

A. 断路　　　　　　B. 短路　　　　　　C. 搭铁　　　　　　D. 接触电阻较大

76. 若闪光器电源接柱上的电压为0V，说明（　　　）。

A. 供电线断路　　B. 转向开关损坏　　C. 闪光器损坏　　D. 灯泡损坏

77. 若左转向灯搭铁不良，当转向开关拨至左转向时，现象是（　　　）。

A. 左、右转向灯都不亮　　　　　　　B. 只有右转向灯亮

C. 只有左转向灯亮　　　　　　　　　D. 左右转向微亮

78. 若左侧转向灯总功率大于右侧转向灯总功率，则（　　　）。

A. 左侧闪光频率快　　　　　　　　　B. 右侧闪光频率快

C. 左右侧闪光频率相同　　　　　　　D. 会使闪光器损坏

79. 蒸发器被灰尘异物堵住，会造成空调（　　　）。

A. 无冷气产生　　B. 冷气量不足　　C. 太冷　　　　　D. 间歇制冷

80. 空调离合器线圈短路或烧毁，会造成（　　　）。

A. 冷气不足　　　B. 间歇制冷　　　C. 过热　　　　　D. 不制冷

81. 空调系统吹风电动机松动或磨损会造成（　　　）。

A. 系统噪声大　　B. 系统太冷　　　C. 间断制冷　　　D. 无冷气产生

82. 压缩机传动带断裂，会造成（　　　）。

A. 冷气不足　　　B. 系统太冷　　　C. 间断制冷　　　D. 不制冷

83. 蒸发器控制阀损坏或调节不当，会造成（　　　）。

A. 冷空气不足　　B. 系统太冷　　　C. 系统噪声大　　D. 操纵失灵

84. 恒温器断开温度调整得过低，会造成（　　　）。

A. 冷气不足　　　B. 无冷气产生　　C. 间断制冷　　　D. 系统太冷

85. 制冷系统高压侧压力过高，并且膨胀阀发出噪声，说明（　　　）。

A. 系统中有空气　　B. 系统中有水蒸气　C. 制冷剂不足　　D. 干燥罐堵塞

86. 冷却液管路堵塞，会造成（　　　）。

A. 不供暖　　　　B. 冷气不足　　　C. 不制冷　　　　D. 系统太冷

87. 打开空调开关时，鼓风机（　　　）。

A. 不运转　　　　B. 低速运转　　　C. 高速运转　　　D. 不定时运转

88. 下列现象不会造成空调系统漏水的是（　　　）。

A. 加热器管损坏　　　　　　　　　　B. 热水开关关不死

C. 冷凝器损坏　　　　　　　　　　　D. 软管老化

89. 除霜热风出口位于（　　　）。

A. 仪表台下方　　B. 仪表台上方　　C. 仪表台后方　　D. 变速杆前方

90. 发动机凸轮轴的修理级别一般分4个等级，极差为（　　　）mm。

A. 0.010　　　　B. 0.20　　　　　C. 0.30　　　　　D. 0.40

91. 气缸盖螺纹孔（不包括火花塞孔）螺纹损坏多于（　　　）牙需修复。

A. 1　　　　　　B. 2　　　　　　C. 3　　　　　　D. 4

92. QFC－4型微电脑发动机综合分析仪可判断柴油机（　　　）。

A. 喷油状况　　　B. 燃烧状况　　　C. 混合气形成状况　D. 排气状况

93. QFC－4型测功仪是检测发动机（　　　）的测功仪器。

A. 无负荷　　　　B. 有负荷　　　　C. 大负荷　　　　D. 加速负荷

94. 机油压力表必须与其配套设计的（　　）配套使用。

A. 传感器　　　　B. 化油器　　　　C. 示波器　　　　D. 喷油器

95. 下列（　　）是发动机电子控制系统正确诊断的步骤。

A. 静态模式读取和清除故障码—症状模拟—症状确认—动态故障码检查

B. 静态模式读取和清除故障码—症状模拟—动态故障码检查—症状确认

C. 症状模拟—静态模式读取和清除故障码—动态故障码检查—症状确认

D. 静态模式读取和清除故障码—症状确认—症状模拟—动态故障码检查

96. 195 和 190 型柴油机是通过增减喷油泵与机体之间的铜垫片来调整供油提前角的，减少垫片，供油时间变（　　）。

A. 晚　　　　B. 早　　　　C. 先早后晚　　　　D. 先晚后早

97. 在喷油器试验台对喷油器进行喷油压力检查时，各缸喷油压力应尽可能一致，一般相差不得超过（　　）MPa。

A. 0.15　　　　B. 0.25　　　　C. 0.10　　　　D. 0.05

98. 检测电控燃油喷射系统燃油压力时，应将油压表接在供油管和（　　）之间。

A. 燃油泵　　　　B. 燃油滤清器　　　　C. 分配油管　　　　D. 喷油器

99. 发动机连杆的修理技术标准为连杆在 100mm 长度上弯曲值应不大于（　　）mm。

A. 0.01　　　　B. 0.03　　　　C. 0.5　　　　D. 0.8

100. 发动机缸套镗削后，还必须进行（　　）。

A. 光磨　　　　B. 珩磨　　　　C. 研磨　　　　D. 铰磨

101. 桑塔纳 2000GLi 型轿车（AFE 型发动机）的机油泵主、从动齿轮与机油泵盖接合面正常间隙为（　　）mm。

A. 0.10　　　　B. 0.20　　　　C. 0.05　　　　D. 0.30

102. 蜗杆轴承与壳体配合的最大间隙应该（　　）原计划规定的 0.02mm。

A. 小于　　　　B. 大于　　　　C. 等于　　　　D. 取规定值

103. 安装 AJR 型发动机活塞环时，其开口应错开（　　）。

A. 90°　　　　B. 100°　　　　C. 120°　　　　D. 180°

104. 日本丰田轿车采用下列（　　）项方法调整气门间隙。

A. 两次调整法　　B. 逐缸调整法　　C. 垫片调整法　　D. 不用调整

105. 铝合金发动机气缸盖下平面的平面度误差任意 50mm×50mm 范围内均不应大于（　　）。

A. 0.015　　　　B. 0.025　　　　C. 0.035　　　　D. 0.030

106. 检测凸轮轴轴向间隙的工具是（　　）。

A. 百分表　　　　B. 外径千分尺　　　　C. 游标卡尺　　　　D. 塑料塞尺

107. 用非分散型红外线气体分析仪检测汽油车废气时，应在发动机（　　）工况检测。

A. 起动　　　　B. 中等负荷　　　　C. 急速　　　　D. 加速

108. 变速器壳体上平面长度不大于（　　）mm。

A. 100　　　　B. 150　　　　C. 250　　　　D. 300

109. 变速器壳体前后端面对第一、二轴轴承孔公共轴线的圆跳动误差，可用（　　）进行检测。

A. 内径千分尺　　　B. 百分表　　　　　C. 高度游标卡尺　　D. 塞尺

110. 输出轴变形的修复应采用（　　　）。

A. 热压校正　　　　B. 冷法校正　　　　C. 高压校正　　　　D. 高温后校正

111. 驱动桥油封轴颈的径向磨损不大于（　　　）mm，油封轴颈端面磨损后，轴颈位的长度应大于油封的厚度。

A. 0.15　　　　　　B. 0.20　　　　　　C. 0.25　　　　　　D. 0.30

112. 编制差速器壳的技术检验工艺卡，技术检验工艺卡首先应该（　　　）。

A. 检验裂纹，差速器壳应无裂损

B. 检验差速器轴承与壳体、轴颈配合

C. 检验差速器壳轴承孔与半轴齿轮轴颈配合间隙

D. 检验差速器壳连接螺栓拧紧力矩

113. 变速器壳体第一、二轴轴承孔与中间轴轴承孔轴线的平行度误差一般应不大于（　　　）mm。

A. 0.10　　　　　　B. 0.15　　　　　　C. 0.20　　　　　　D. 0.25

114. 由计算机控制的变矩器，应将其电线接头插接到（　　　）上。

A. 变速驱动桥　　　B. 发动机　　　　　C. 蓄电池负极　　　D. 车速表小齿轮表

115. 转向器补偿器压盖和油压分配阀罩的螺栓拧紧力矩为（　　　）N·m。

A. 10　　　　　　　B. 15　　　　　　　C. 20　　　　　　　D. 30

116. 安装盘式制动器后，（　　　）用力将制动器踏板踩到底数次，以便使制动片正确就位。

A. 停车状态　　　　B. 起动状态　　　　C. 怠速状态　　　　D. 行驶状态

117. 钢板弹簧卡子内侧与钢板弹簧侧的间隙应该为（　　　）。

A. 0.7～1.0　　　　B. 0.8～10　　　　　C. 0.9～1.0　　　　D. 以上均正确

118. 装好输出轴齿轮、垫圈和螺母，应该（　　　）。

A. 按规定力矩拧紧　　　　　　　　　　B. 按任意力矩拧紧

C. 以上均不对　　　　　　　　　　　　D. 以上均正确

E. 无要求

119. 制动鼓内径标准值为（　　　）mm。

A. 200　　　　　　　B. 190　　　　　　C. 180　　　　　　　D. 181

120. 拆卸制动鼓，必须使用（　　　）。

A. 梅花扳手　　　　B. 专用扳手　　　　C. 常用工具　　　　D. 以上均正确

121. 制动踏板自由行程大于规定值，应该（　　　）。

A. 调整　　　　　　B. 调大　　　　　　C. 继续使用

D. 以上均正确　　　E. 无要求

122. 缸体裂纹，应该（　　　）。

A. 更换新件　　　　B. 修复　　　　　　C. 继续使用　　　　D. 以上均正确

123. 制动气室外壳出现（　　　），可以用敲击法整形。

A. 凸出　　　　　　B. 凹陷　　　　　　C. 裂纹　　　　　　D. 以上均正确

124. 用百分表检查从动盘的摆差，其最大极限为0.4mm，从外缘测量径向跳动量最大为（　　）mm，超过极限值，应更换从动盘总成。

A. 2.5　　　　　B. 3.5　　　　　C. 4.0　　　　　D. 4.5

125. 用内径表及外径千分尺进行测量，轮毂外轴承与轴颈的配合间隙应不大于（　　）mm。

A. 0.020　　　　B. 0.040　　　　C. 0.060　　　　D. 0.080

126. 变速器输入轴前端花键齿磨损应不大于（　　）mm。

A. 0.10　　　　B. 0.20　　　　C. 0.30　　　　D. 0.60

127. 分动器里程表软轴的弯曲半径不得小于（　　）mm。

A. 50　　　　　B. 150　　　　　C. 100　　　　　D. 200

128. 半轴套管中间两轴颈径向跳动不得大于（　　）mm。

A. 0.03　　　　B. 0.05　　　　C. 0.08　　　　D. 0.5

129. 万向节出现转动卡滞现象，应（　　）。

A. 只需更换万向节　　　　　　　B. 更换万向节总成

C. 更换钢球　　　　　　　　　　D. 更换球笼壳

130. 手动变速器总成竣工验收时，进行无负荷试验时间各档运行应大于（　　）min。

A. 5　　　　　　B. 10　　　　　C. 15　　　　　D. 20

131. 汽车车身一般包括车前、车底、侧围、顶盖和（　　）等部件。

A. 车后　　　　B. 后围　　　　C. 车顶　　　　D. 前围

132. 制动性能台试检验的技术要求中，对于机动车制动完全释放时间对单车不得大于（　　）s。

A. 0.2　　　　　B. 0.5　　　　　C. 0.8　　　　　D. 1.2

133. 转向传动机构的横、直拉杆的球头销按顺序装好后，要对其进行（　　）的调整。

A. 紧固　　　　B. 间隙　　　　C. 预紧度　　　　D. 侧隙

134. 汽车转向轮侧滑量的检测方法前提条件是，将车辆对正侧滑试验台，并使转向盘处于（　　）位置。

A. 左极限　　　B. 右极限　　　C. 正中间　　　D. 自由

135. 充足电的蓄电池，其开路端电压是（　　）。

A. 12.4V　　　B. ≥12.6V　　　C. 12V　　　D. ≤11.7V

136. 选择免维护蓄电池的原则，主要有按需选择、安全、（　　）三方面考虑。

A. 价格　　　　B. 性能　　　　C. 寿命　　　　D. 性价比

137. 对在使用过程中放电的蓄电池进行充电叫（　　）。

A. 初充电　　　B. 补充充电　　　C. 去硫化充电　　　D. 锻炼性充电

138. 发电机"N"与"E"或"B"间的反向阻值应为（　　）。

A. 40～50Ω　　B. 65～80Ω　　C. 710kΩ　　D. 10Ω

139. 若测得发电机"F"与"E"接柱间的阻值为无穷大，说明该绕组（　　）。

A. 断路　　　　B. 短路　　　　C. 良好　　　　D. 不能确定

140. 桑塔纳起动机"50"柱引出的导线接向（　　）。

A. 电池正极　　B. 电池负极　　C. 点火开关　　D. 中央接线板

141. 发电机就车测试时，起动发动机，使发动机保持在（　　）运转。

A. 800r/min    B. 1000r/min    C. 1500r/min    D. 2000r/min

142. 实验中将小功率灯泡接于电路中，可以判断调节器的（    ）。

A. 功率    B. 管压降    C. 搭铁形式    D. 调步频率

143. 用万用表测量晶体管调节器各接柱之间电阻来判断调节器好坏的方法叫（    ）。

A. 动态检测法    B. 静态检测法    C. 空载检测法    D. 负载检测法

144. 接通电路，测量调节器大功率晶体管的管压降过低（小于0.6V），说明晶体管（    ）。

A. 短路    B. 断路    C. 搭铁    D. 良好

145. GST－3U型万能试验台，主轴转速为（    ）。

A. 800r/min    B. 1000r/min    C. 3000r/min    D. 200～2500r/min

146. QD124型起动机，空转试验电压12V时，起动机转速不低于（    ）。

A. 3000r/min    B. 4000r/min    C. 5000r/min    D. 6000r/min

147. 检验起动机的工作性能应使用（    ）。

A. 测功仪                    B. 发动机综合分析仪

C. 电器万能试验台            D. 解码仪

148. 用万用表测量起动机接柱和绝缘电刷之间的电阻为无穷大，则说明（    ）存在断路故障。

A. 电枢绕组    B. 磁场绕组    C. 吸拉线圈    D. 保持线圈

149. 做起动机空载试验时，若起动机装配过紧，则（    ）。

A. 电流高、转速低            B. 转速高、电流低

C. 电流、转速均高            D. 电流、转速均低

150. 试验起动系统时，点火开关应（    ）完成试验项目。

A. 及时回位    B. 不应回位    C. 保持一段时间    D. 无要求

151. 桑塔纳起动系统，蓄电池"＋"接柱与起动机的（    ）接柱相连。

A. 150    B. 31    C. 30    D. 50

152. 起动机供电线路，重点检测线路各接点的（    ）情况。

A. 电流    B. 压降    C. 电动势    D. 电阻

153. 汽车暖风装置除能完成其主要功能外，还能起到（    ）的作用。

A. 除湿    B. 除霜    C. 去除灰尘    D. 降低噪声

154. 向车内提供新鲜空气和保持适宜气流的装置是（    ）。

A. 制冷装置    B. 采暖装置    C. 送风装置    D. 净化装置

155. 水暖式加热系统属于（    ）。

A. 独立热源加热式    B. 余热加热式    C. 废气加热式    D. 火焰加热时

156. 检修空调所使用的压力表歧管总成一共有（    ）块压力表。

A. 1    B. 2    C. 3    D. 4

157. 开启灌装制冷剂，所使用的工具是（    ）。

A. 一字旋具    B. 扳手    C. 开启阀    D. 棘轮扳手

158. 用塞尺检查电磁离合器四周边的空气间隙，应在（    ）范围内。

A. 0.1～0.5mm    B. 0.2～0.8mm    C. 0.4～0.8mm    D. 0.6～1mm

159. 制冷剂装置的检漏方法中，最简单易行的方法是（    ）。

A. 肥皂水检漏法　　　　　　　　B. 卤素灯检漏法

C. 电子检漏仪检漏法　　　　　　D. 加压检漏法

160. 空调压缩机油与氟利昂 R12（　　　）。

A. 溶解度较大　　　B. 溶解度较小　　　C. 完全溶解　　　D. 互不相溶

| 得　分 | |
|---|---|
| 评分人 | |

**二、判断题**（第 161 题 ~ 第 200 题。请将判断结果填入括号中。正确的填"√"，错误的填"×"。每题 0.5 分，满分 20 分。）

161. （　　）平等就业是指在劳动就业中实行权利平等、民族平等的原则。

162. （　　）黄铜主要用来制作活塞、冷凝器、散热片、导线、冷冲压、冷挤压零件等部件。

163. （　　）举升器按控制方式只分为电动式、气动式两种。

164. （　　）活塞环拆装钳是一种专门用于拆装活塞环的工具。

165. （　　）安全气囊传感器按结构可分为开关式、线性式和电子式三种类型。

166. （　　）《合同法》规定，当事人订立合同，应当具有相应的民事权利能力和民事义务能力。

167. （　　）全面质量管理概念最早由法国的质量管理专家提出。

168. （　　）柴油机起动困难的根本原因是柴油没有进入气缸，维修时应从燃油输送方向查找故障原因。

169. （　　）柴油机起动困难，应从喷油时刻、燃油雾化、压缩终了时的气缸压力温度等方面找原因。

170. （　　）喷油器调整不当不但会引起怠速冒烟，还会引起发动机燃油消耗过大。

171. （　　）示波器是诊断电控发动机常用的通用仪表。

172. （　　）汽车起步时，车身发抖并能听到"咔啦、咔啦"的撞击声，且在车速变化时响声更加明显。车辆在高速档低速行驶时，响声增强，抖动更严重。其原因可能是万向传动装置存在故障。

173. （　　）汽车经常行驶在拱度较大的路面上与轮胎异常磨损无关。

174. （　　）转向节衬套与主销配合松旷，或转向节与前梁拳形部位沿主销轴线方向配合松旷不会导致前轮摆振故障。

175. （　　）为保持轮胎缓和路面冲击的能力，充气标准可高于最高气压。

176. （　　）调整轮毂轴承预紧度时，将调整螺母旋到底，装上锁止垫，按规定力矩拧紧锁止螺母。

177. （　　）有制动跑偏故障的汽车，即使驾驶人紧握转向盘方能保证直线行驶，制动也可能会跑偏。

178. （　　）制动蹄与制动蹄轴锈蚀，使制动蹄转动回位困难可导致制动拖滞。

179. （　　）安装防抱死制动系统（ABS）的车辆，制动时可用力踏制动踏板。

180. （　　）用试灯法检测照明灯搭铁点，若拆解导线时灯灭，说明搭铁点发生在拆开接点之间的导线上。

181.（　）手动空调系统的故障现象有制冷异常、噪声大、鼓风机不转和操纵失灵等。

182.（　）发动机曲轴冷压校正后，再进行时效处理，其目的是防止裂纹产生。

183.（　）当发动机曲轴圆度和圆柱度误差超过 0.25mm 时，应按规定的修理尺寸进行修磨。

184.（　）对于受力不大、工作温度低于 100℃ 的部位的气缸盖裂纹大部分可以采用粘接法修复。

185.（　）气缸体的裂纹漏水时，一般应予更换。

186.（　）如果用气缸压力表测得气缸压力过低，可向该缸火花塞或喷油器孔内注入适量机油再进行测量。

187.（　）不分光红外线气体分析仪既能检测汽油机废气，也能检测柴油机废气。

188.（　）接地耦合是指确认示波器显示的 0V 电压位置。

189.（　）安装气缸垫时，应使有"OPEN TOP"标记的一面朝向气缸盖。

190.（　）发动机气缸体所有结合平面可以有明显的轻微的凸出、凹陷、划痕。

191.（　）用连杆检验仪检验连杆变形时，若三点规的 3 个测点都与检验平板接触，则连杆发生弯曲变形。

192.（　）用百分表检测曲轴弯曲变形时，百分表的触头应抵在中间主轴颈表面。

193.（　）按点火方式不同，发动机可分为点燃式和压燃式两种。

194.（　）差速器壳连接螺栓拧紧力矩应符合原设计规定。

195.（　）在做车轮动平衡检测时，其主轴振幅的大小，在一定转速下，只与车轮不平衡质量大小成反比。

196.（　）驱动桥的齿轮油可以随意加注。

197.（　）用负荷试验法检测蓄电池性能时，可用起动机作为负载。

198.（　）检测起动线路，要求起动线路的连接应符合原车技术要求。

199.（　）衡量汽车空调质量的指标主要有风量、温度、压力和清洁度。

200.（　）打开或松开制冷装置连接管头，可将制冷剂迅速排放。

## 模拟考试（二）

一、单选题（第 1 题～第 160 题。请选择一个正确的答案，将相应的字母填入题内的括号中。每题 0.5 分，满分 80 分。）

1. 职业道德承载着企业（　），影响深远。
A. 文化　　　　B. 制度　　　　C. 信念　　　　D. 规划

2.（　）可以调节从业人员内部的关系。
A. 社会责任　　B. 社会公德　　C. 社会意识　　D. 职业道德

3.（　）是社会主义道德建设的核心。
A. 为社会服务　B. 为行业服务　C. 为企业服务　D. 为人民服务

4. 全心全意为人民服务是社会主义职业道德的（　）。
A. 前提　　　　B. 关键　　　　C. 核心　　　　D. 基础

5. 职业道德是同人们的职业活动紧密联系的符合（　　　）所要求的道德准则、道德情操与道德品质的总和。

A. 职业守则　　　B. 职业特点　　　C. 人生观　　　D. 多元化

6. （　　　）是每一个员工的基本职业素质体现。

A. 放纵他人　　　B. 严于同事　　　C. 放纵自己　　　D. 严于律己

7. 质量意识是以质量为核心内容，自觉保证（　　　）的意识。

A. 工作内容　　　B. 工作质量　　　C. 集体利益　　　D. 技术核心

8. 利用量缸表可以测量发动机气缸、曲轴轴承的圆度和圆柱度，其测量精度为（　　　）。

A. 0.05mm　　　B. 0.02mm　　　C. 0.01mm　　　D. 0.005mm

9. 材料疲劳破坏是在（　　　）载荷作用下产生的。

A. 交变　　　B. 大　　　C. 轻　　　D. 冲击

10. 零件图的技术要求包括表面粗糙度、形状和位置公差、公差和配合、（　　　）或表面处理等。

A. 材料　　　B. 数量　　　C. 比例　　　D. 热处理

11. 正弦交流电的三要素是最大值、（　　　）和初相位。

A. 角速度　　　B. 角周期　　　C. 角相位　　　D. 角频率

12. 三桥式整流电路由三相绕组、六支二极管和（　　　）组成。

A. 晶体管　　　B. 电阻　　　C. 电容　　　D. 负载

13. 开关控制的普通方向控制阀包括单向阀和（　　　）两类。

A. 双向阀　　　B. 换向阀　　　C. 溢流阀　　　D. 减压阀

14. 热交换器的冷却器根据冷却介质不同可分为风冷式、水冷式和（　　　）。

A. 冷媒式　　　B. 多管式　　　C. 油冷式　　　D. 蛇形管式

15. 汽车上采用的液压传动装置以容积式为工作原理的常称为（　　　）。

A. 液力传动　　　B. 液压传动　　　C. 气体传动　　　D. 液体传动

16. 活塞环拆装钳是一种专门用于拆装（　　　）的工具。

A. 活塞环　　　　　　　　　　B. 活塞销

C. 顶置式气门弹簧　　　　　　D. 轮胎螺母

17. 传动系由（　　　）等组成。

A. 离合器、变速器、冷却装置、主减速器、差速器、半轴

B. 离合器、变速器、起动装置、主减速器、差速器、半轴

C. 离合器、变速器、万向传动装置、主减速器、差速器、半轴

D. 离合器、变速器、电子控制装置、主减速器、差速器、半轴

18. 发动机的缸体曲轴箱组包括气缸体、下曲轴箱、（　　　）、气缸盖和气缸垫等。

A. 上曲轴箱　　　B. 活塞　　　C. 连杆　　　D. 曲轴

19. （　　　）是用电磁控制金属膜片振动而发生的装置。

A. 电磁阀　　　B. 刮水器　　　C. 风窗玻璃　　　D. 电喇叭

20. 闪光继电器的种类有（　　　）、电热式、电容式三类。

A. 信号式　　　B. 电子式　　　C. 过流式　　　D. 冲击式

21. （    ）与血红蛋白结合，造成血液输氧能力下降，导致人体缺氧。

A. 固体颗粒　　　　B. HC　　　　　　C. 氮氧化物　　　　D. CO

22. 全面质量管理概念最早是由（    ）的质量管理专家提出的。

A. 美国　　　　　　B. 英国　　　　　　C. 法国　　　　　　D. 加拿大

23. 发动机进气口、排气口和运转中的风扇处的响声属于（    ）异响。

A. 机械　　　　　　B. 燃烧　　　　　　C. 空气动力　　　　D. 电磁

24. 电控发动机怠速不平稳的原因有进气管真空渗漏和（    ）等。

A. 电动汽油泵不工作　　　　　　　　　B. 曲轴位置传感器失效

C. 点火正时失准　　　　　　　　　　　D. 爆燃传感器失效

25. 下列属于发动机曲轴主轴承响的原因是（    ）。

A. 曲轴有裂纹　　　B. 曲轴弯曲　　　　C. 气缸压力低　　　D. 气缸压力高

26. 下列属于发动机曲轴主轴承响的原因是（    ）。

A. 连杆轴承盖的连接螺纹松动　　　　　B. 曲轴弯曲

C. 气缸压力低　　　　　　　　　　　　D. 气缸压力高

27. 发动机活塞敲缸异响发出的声音是（    ）声。

A. "当当"　　　　　B. "啪啪"　　　　　C. "嗒嗒"　　　　　D. "噗噗"

28. 发动机活塞销响声会随发动机负荷增加而（    ）。

A. 减小　　　　　　B. 增大　　　　　　C. 先增大后减小　　D. 先减小后增大

29. 发动机气门间隙过大，使气门脚发出异响，可用（    ）进行辅助判断。

A. 塞尺　　　　　　B. 撬棍　　　　　　C. 扳手　　　　　　D. 卡尺

30. 汽油机点火过早异响的现象是（    ）。

A. 发动机温度变化时响声不变化

B. 单缸断火响声不减弱

C. 发动机温度越高、负荷越大，响声越强烈

D. 变化不明显

31. 在起动柴油机时排气管不排烟，这时将喷油泵放气螺钉松开，扳动手油泵，观察泵放气螺钉是否流油，若不流油或有气泡冒出，表明（    ）。

A. 低压油路有故障　　　　　　　　　　B. 高压油路有故障

C. 回油油路有故障　　　　　　　　　　D. 高、低压油路都有故障

32. （    ）是汽油发动机热车起动困难的主要原因。

A. 混合气过稀　　　B. 混合气过浓　　　C. 油路不畅　　　　D. 点火错乱

33. （    ）是汽车发动机无法起动的主要原因。

A. 油路不过油　　　　　　　　　　　　B. 混合气过稀或过浓

C. 点火过迟　　　　　　　　　　　　　D. 点火过早

34. 柴油机动力不足，可在发动机运转中运用（    ），观察发动机转速变化，找出故障缸。

A. 多缸断油法　　　B. 单缸断油法　　　C. 多缸断火法　　　D. 单缸断火法

35. 若汽油发动机两缸或多缸不工作，可用（    ）找出不工作的气缸。

A. 多缸断油法　　　B. 单缸断油法　　　C. 多缸断火法　　　D. 单缸断火法

36. 柴油发动机燃油油耗超标的原因是（     ）。

A. 配气相位失准　B. 气缸压力低　　　C. 喷油器调整不当　D. 机油变质

37. 一般情况下，机油消耗与燃油消耗比值为 0.5%～1% 为正常，如果该比值大于（     ），则为机油消耗过多。

A. 1%　　　　　B. 0.5%　　　　　C. 0.25%　　　　D. 2%

38. 若汽油机燃油消耗量过大，则检查（     ）。

A. 进气管漏气　　　　　　　　B. 空气滤清器是否堵塞

C. 燃油泵故障　　　　　　　　D. 油压是否过大

39. 若发动机机油消耗超标，则检查（     ）。

A. 机油黏度是否符合要求　　　B. 润滑油道是否堵塞

C. 气门与气门导管的间隙是否正常　　D. 油底壳油量是否不足

40. 发动机排放超标产生的原因有（     ）。

A. 真空管漏气　　B. 点火系统有故障　C. 各缸缸压升高　D. 润滑系统

41. 若发动机排放超标，应检查（     ）。

A. 排气歧管　　　　　　　　　B. 排气管

C. 三元催化转化器　　　　　　D. EGR 阀

42. 若发动机过热且上水管与下水管温差甚大，可判断（     ）不工作。

A. 水泵　　　　　B. 节温器　　　　C. 风扇　　　　　D. 散热器

43. 发动机产生爆燃的原因是（     ）。

A. 压缩比过小　　B. 辛烷值过低　　C. 点火过早　　　D. 发动机温度过低

44. 电控发动机加速无力且无故障码，若检查进气管道真空正常，则下一步检查（     ）。

A. 喷油器　　　　B. 点火正时　　　C. 燃油压力　　　D. 可变电阻

45. 若电控发动机怠速不稳，首先应检查（     ）。

A. 故障诊断系统　B. 燃油压力　　　C. 喷油器　　　　D. 火花塞

46. （     ）运转时，产生加速敲缸，视为爆燃。

A. 底盘　　　　　　　　　　　B. 发动机

C. 电器　　　　　　　　　　　D. 底盘、发动机、电器均正确

47. 空气流量计失效，可能会导致（     ）。

A. 发动机正常起动

B. 发动机无法正常起动

C. 无影响

D. 发动机正常起动、发动机无法正常起动、无影响均正确

E. 无要求

48. （     ）可能发生在空调工作时。

A. 失速　　　　　　　　　　　B. 加速

C. 失速、加速均不对　　　　　D. 失速、加速均正确

49. （     ）常用人工经验诊断方法。

A. EFI　　　　　　　　　　　B. 化油器式发动机

C. EFI、化油器式发动机均不对　　　D. EFI、化油器式发动机均正确

50. 偶发（　　　），可以模拟故障征兆来判断故障部位。

A. 故障　　　　　　　　　　　　　B. 征兆

C. 模拟故障征兆　　　　　　　　　D. 故障、征兆、模拟故障征兆均不正确

51. 汽车起步时，车身发抖并能听到"咔啦、咔啦"的撞击声，且在车速变化时响声更加明显。车辆在高速档低速行驶时，响声增强，抖动更严重。其原因可能是（　　　）。

A. 常啮合齿轮磨损成梯形或轮齿损坏　　B. 分离轴承缺少润滑油或损坏

C. 常啮合齿轮磨损成梯形或轮齿损坏　　D. 传动轴万向节叉等速排列破坏

52. 离合器盖与压盘连接松旷会导致（　　　）。

A. 万向传动装置异响　　　　　　　B. 离合器异响

C. 手动变速器异响　　　　　　　　D. 驱动桥异响

53. 变速器工作时发出不均匀的碰击声，其原因可能是（　　　）。

A. 分离轴承缺少润滑油或损坏

B. 从动盘铆钉松动、钢片破裂或减振弹簧折断

C. 离合器盖与压盘连接松旷

D. 齿轮齿面金属剥落或个别轮齿折断

54. 诊断与排除底盘异响需要下列哪些操作准备？（　　　）

A. 汽车故障排除工具及设备　　　　B. 故障诊断仪

C. 一台无故障的汽车　　　　　　　D. 解码仪

55. 连续踏动离合器踏板，在即将分离或接合的瞬间有异响，则为（　　　）。

A. 压盘与离合器盖连接松旷　　　　B. 轴承磨损严重

C. 摩擦片铆钉松动、外露　　　　　D. 中间传动轴后端螺母松动

56. 若自动变速器控制系统工作正常，ECU 内没有故障码，则故障警告灯以每秒（　　　）次的频率连续闪亮。

A. 1　　　　　　B. 2　　　　　　C. 3　　　　　　D. 4

57. 下列现象不属于轮胎异常磨损的是（　　　）。

A. 胎冠中部磨损　　　　　　　　　B. 胎冠外侧或内侧单边磨损

C. 胎冠由外侧向里侧呈锯齿状磨损　　D. 轮胎爆胎

58. （　　　）会导致胎冠由内侧向外侧呈锯齿状磨损。

A. 前轮前束过小　　　　　　　　　B. 横、直拉杆或转向机构松旷

C. 轮毂轴承松旷或转向节与主销松旷　　D. 前轮前束过大

59. 下列属于前轮摆振现象的是（　　　）。

A. 轮胎胎面磨损不均匀，胎冠两肩磨损，胎壁擦伤

B. 汽车行驶时，有时出现两前轮各自围绕主销进行角振动的现象

C. 胎冠由外侧向里侧呈锯齿状磨损，胎冠呈波浪状磨损，胎冠呈碟边状磨损

D. 胎冠中部磨损，胎冠外侧或内侧单边磨损

60. 如果前轮轮胎呈现胎冠两肩磨损、中部磨损、单边磨损、锯齿状磨损、波浪状磨损等。若呈现无规律磨损，则因为（　　　）造成。

A. 轮胎气压过低

B. 各部松旷、变形、使用不当或轮胎质量不佳

C. 前轮外倾过小

D. 前束过小或负前束

61. 给轮胎按标准充气，为保持轮胎缓和路面冲击的能力，充气标准可（　　）最高气压。

A. 等于　　　　　B. 略低于　　　　　C. 略高于　　　　　D. 高于

62. 排除前轮摆振故障的第一步应该（　　）。

A. 查看前轮是否装用翻新轮胎　　　　B. 前桥与转向系统各连接部位是否松旷

C. 轻轻地左右转动转向盘　　　　D. 检查转向器在车架上的固定情况

63. 下列哪种现象不属于制动跑偏的现象？（　　）

A. 制动突然跑偏　　　　　　B. 向右转向时制动跑偏

C. 有规律的单向跑偏　　　　D. 无规律的忽左忽右的跑偏

64. 踏下制动踏板感到高而硬，踏不下去。汽车起步困难，行驶无力。当松抬加速踏板、踏下离合器踏板时，尚有制动感觉，这种现象属于（　　）。

A. 制动拖滞　　B. 制动抱死　　C. 制动跑偏　　D. 制动失效

65. 制动蹄与制动蹄轴锈蚀，使制动蹄转动回位困难会导致（　　）。

A. 制动失效　　B. 制动跑偏　　C. 制动抱死　　D. 制动拖滞

66. 就一般防抱死转动系统而言，下列叙述哪个正确？（　　）

A. 紧急转动时，可避免车轮抱死而造成方向失控或不稳定现象

B. ABS出现故障时，转动系统将会完全丧失制动力

C. ABS出现故障时，转向盘的转向力量将会加重

D. 可提高行车舒适性

67. 在诊断与排除汽车制动故障的操作准备前，应准备一辆（　　）汽车。

A. 待排除的有传动系统故障的　　　B. 待排除的有制动系统故障的

C. 待排除的有转向系统故障的　　　D. 待排除的有行驶系统故障的

68. 汽车行驶一定里程后，用手触摸制动鼓均感觉发热，表明故障在（　　）。

A. 制动踏板不能迅速回位　　　B. 制动主缸

C. 车轮制动器　　　D. 踏板轴及连杆机构的润滑情况不好

69. 排除防抱死制动装置失效故障后应该（　　）。

A. 检验驻车制动是否完全释放　　　B. 清除故障码

C. 进行路试　　　D. 检查制动液液面是否在规定的范围内

70. 在诊断与排除制动防抱死故障灯报警故障时，连接"STAR"扫描仪和ABS自诊断连接器，接通"STAR"扫描仪上的电源开关，按下中间按钮，再将车上的点火开关转到"ON"位置，如果故障码存储在ECU中，那么在（　　）s内会在扫描仪显示器上显示出来。

A. 15　　　　B. 30　　　　C. 45　　　　D. 60

71. 前照灯近光灯丝损坏，会造成前照灯（　　）。

A. 全不亮　　B. 一侧不亮　　C. 无近光　　D. 无远光

72. 造成前照灯光暗淡的主要原因是线路（　　）。

A. 断路　　　　　B. 短路　　　　　C. 接触不良　　　D. 电压过高

73. 用试灯测试照明灯线路某点，若灯不亮，则说明故障点在（　　）。
A. 该点　　　　　B. 该点前方　　　C. 该点后方　　　D. 不能确定

74. 转向开关拨至左转向时，若左右两边转向灯都发出微弱的光，则故障点是在（　　）。
A. 左转向灯搭铁处　　　　　　　B. 右转向灯搭铁处
C. 左转向灯供电处　　　　　　　D. 右转向灯供电线处

75. 若闪光器频率失常，则会导致（　　）。
A. 左转向灯闪光频率不正常　　　B. 右转向灯闪光频率不正常
C. 左右转向灯闪光频率均不正常　D. 转向灯不亮

76. 鼓风机不转会造成（　　）。
A. 不制冷　　　B. 冷气量不足　　C. 系统太冷　　　D. 噪声大

77. 空调系统外面空气管道打开，会造成（　　）。
A. 无冷气产生　B. 系统太冷　　　C. 间断制冷　　　D. 冷空气量不足

78. 压缩机排量减小会导致（　　）。
A. 不制冷　　　B. 间歇制冷　　　C. 供暖不足　　　D. 制冷量不足

79. 制冷系统中有水蒸气，会导致（　　）发出噪声。
A. 压缩机　　　B. 蒸发器　　　　C. 冷凝器　　　　D. 膨胀阀

80. 蒸发器控制阀损坏或调节不当，会造成（　　）。
A. 冷空气不足　B. 系统太冷　　　C. 系统噪声大　　D. 操纵失灵

81. 恒温器断开温度过低，会造成（　　）。
A. 冷气不足　　B. 无冷气产生　　C. 间断制冷　　　D. 系统太冷

82. 制冷系统观察窗处有气泡及雾状情形，低压表读数过低，膨胀阀发出噪声，说明（　　）。
A. 制冷剂不足　B. 制冷剂过量　　C. 压缩机损坏　　D. 膨胀阀损坏

83. 发动机节温器失效会造成（　　）。
A. 冷气不足　　B. 暖气不足　　　C. 不制冷　　　　D. 过热

84. 打开鼓风机开关，若只能在高速档位上运转，说明（　　）。
A. 鼓风机开关损坏　　　　　　　B. 调速电阻损坏
C. 鼓风机损坏　　　　　　　　　D. 供电断路

85. 下列现象不会造成空调系统漏水的是（　　）。
A. 加热器管损坏　B. 热水开关关不死　C. 冷凝器损坏　D. 软管老化

86. 下列现象不会造成除霜热风不足的是（　　）。
A. 除霜风门调整不当　　　　　　B. 出风口堵塞
C. 供暖不足　　　　　　　　　　D. 压缩机损坏

87. 发动机曲轴冷压校正后，一般还要进行（　　）。
A. 正火处理　　B. 表面热处理　　C. 时效处理　　　D. 淬火处理

88. 当发动机曲轴中心线弯曲大于（　　）mm 时，曲轴须加以校正。
A. 0.10　　　　B. 0.05　　　　　C. 0.025　　　　D. 0.015

89. 气缸盖火花塞孔螺纹损坏多于（    ）牙需修复。

A. 1　　　　B. 2　　　　C. 3　　　　D. 4

90. 对于受力不大、工作温度低于100℃的部位的气缸盖裂纹大部分可以采用（    ）修复。

A. 粘接法　　B. 磨削法　　C. 焊修法　　D. 堵漏法

91. 用气缸压力表测试气缸压力时，用起动机转动曲轴大约（    ）s。

A. 1 ~ 2　　B. 2 ~ 3　　C. 1 ~ 3　　D. 3 ~ 5

92. 发动机无外载测功仪测得的发动机功率为（    ）。

A. 额定功率　B. 总功率　　C. 净功率　　D. 机械损失功率

93. QFC - 4型测功仪是检测发动机（    ）的测功仪器。

A. 无负荷　　B. 有负荷　　C. 大负荷　　D. 加速负荷

94. 不分光红外线气体分析仪，对（    ）气体浓度进行连续测量。

A. HC　　B. $CO_2$　　C. $NO_x$　　D. $NO_2$

95. 使用 FLUKE 98 型汽车示波器测试有分电器点火系统次级电压波形时，信号拾取器则夹在（    ）缸的火花塞引线上。

A. 1　　　　B. 2　　　　C. 3　　　　D. 4

96. 发动机电子控制系统诊断的正确步骤是（    ）。

A. 静态模式读取和清除故障码—症状模拟—症状确认—动态故障码检查

B. 静态模式读取和清除故障码—症状模拟—动态故障码检查—症状确认

C. 症状模拟—静态模式读取和清除故障码—动态故障码检查—症状确认

D. 静态模式读取和清除故障码—症状确认—症状模拟—动态故障码检查

97. 发动机转速升高，供油提前角应（    ）。

A. 变小　　B. 变大　　C. 不变　　D. 随机变化

98. 在喷油器试验台对喷油器进行喷油压力检查时，各缸喷油压力应尽可能一致，一般相差不得超过（    ）MPa。

A. 0. 15　　B. 0. 25　　C. 0. 10　　D. 0. 05

99. 检测电控燃油喷射系统燃油压力时，应将油压表接在供油管和（    ）之间。

A. 燃油泵　　B. 燃油滤清器　C. 分配油管　D. 喷油器

100. 检测发动机配气相位的仪器有（    ）。

A. CQ - 1A 型曲轴箱窜气量测量仪　B. 气门正时检验仪

C. 千分表　　　　　　　　　　　D. 汽车电器万能试验台

101. 发动机全浮式活塞销与活塞销座孔的配合，汽油机要求在常温下有（    ）mm 的过盈配合。

A. 0. 025 ~ 0. 075　B. 0. 0025 ~ 0. 0075　C. 0. 05 ~ 0. 08　D. 0. 005 ~ 0. 008

102. 桑塔纳 2000GLi 型轿车（AFE 型发动机）的机油泵主动轴弯曲度超过（    ）mm，则应对其进行校正或更换。

A. 0. 10　　B. 0. 20　　C. 0. 05　　D. 0. 30

103. 壳体上两蜗杆轴承孔公共轴线与两摇臂轴轴承公共轴线的（    ）公差应符合规定。

A. 平行度　　　　B. 圆度　　　　　C. 垂直度　　　　D. 平面度

104. 安装 AJR 型发动机活塞环时，其开口应错开（　　）。

A. 90°　　　　B. 100°　　　　C. 120°　　　　D. 180°

105. 德国的奔驰轿车采用（　　）调整气门间隙。

A. 两次调整法　　B. 逐缸调整法　　C. 垫片调整法　　D. 不用调整

106. 拧紧 AJR 型发动机气缸盖螺栓时，第二次拧紧力矩为（　　）N·m。

A. 40　　　　B. 50　　　　C. 60　　　　D. 75

107. （　　）磨合时须拆汽油机的火花塞或柴油机的喷油器。

A. 冷磨合　　　B. 热磨合　　　C. 无负荷磨合　　　D. 有负荷磨合

108. 气门导管与承孔的配合过盈量一般为（　　）mm。

A. 0.01 ~ 0.04　　B. 0.01 ~ 0.06　　C. 0.02 ~ 0.04　　D. 0.02 ~ 0.06

109. 检测凸轮轴轴向间隙的工具是（　　）。

A. 百分表　　　B. 外径千分尺　　　C. 游标卡尺　　　D. 塑料塞尺

110. （　　）属于压燃式发动机。

A. 汽油机　　　　　　　　　　B. 煤气机

C. 柴油机　　　　　　　　　　D. 汽油机、煤气机、柴油机均不对

111. 用非分散型红外线气体分析仪检测汽油车废气时，应在发动机（　　）工况检测。

A. 起动　　　B. 中等负荷　　　C. 怠速　　　D. 加速

112. 变速器壳体前后端面对第一、二轴轴承孔公共轴线的圆跳动误差，可用（　　）进行检测。

A. 内径千分尺　　B. 百分表　　　C. 高度游标卡尺　　D. 塞尺

113. 输出轴变形的修复应采用（　　）。

A. 热压校正　　　B. 冷法校正　　　C. 高压校正　　　D. 高温后校正

114. 钢板弹簧座定位孔磨损不大于（　　）mm。

A. 1.50　　　　B. 2.50　　　　C. 3.00　　　　D. 3.50

115. 差速器壳体修复工艺程序的第二步应该（　　）。

A. 彻底清理差速器壳体内外表面

B. 根据全面检验的结论，确定修理内容及修复工艺

C. 差速器轴承与壳体及轴颈的配合应符合原设计规定

D. 差速器壳连接螺栓拧紧力矩应符合原设计规定

116. 下列关于自动变速器驱动桥中各总成的装合与调整中说法错误的是（　　）。

A. 把百分表支架装在驱动桥壳体上，使百分表触头对着输出轴中心孔上粘着的钢球，用专用工具推拉并同时转动输出轴，将输出轴轴承装合到位

B. 输出轴和齿轮总成保持不动（可用 2 个螺钉将扳杆固定在输出轴齿轮上），装上输出轴垫圈和螺母，按照规定力矩拧紧

C. 用扭力扳手转动输出轴，检查输出轴的转矩，此时所测力矩是开始转动所需的力矩

D. 将输出轴、轴承及调整垫片装入驱动桥壳体内，以专用螺母作为压装工具将输出轴齿轮及轴承压装到位

117. 装配变速驱动桥时，回旋低档和倒档制动带调节螺钉，使制动带达到（　　）张开程度。

A. 最小　　　　　　B. 最大　　　　　　C. 中等　　　　　　D. 不

118. 检查制动蹄摩擦衬片的厚度，标准值为（　　）mm。

A. 3　　　　　　　　B. 7　　　　　　　　C. 11　　　　　　　D. 5

119. 安装盘式制动器后，在（　　）用力将制动器踏板踩到底数次，以便使制动片正确就位。

A. 停车状态　　　　B. 起动状态　　　　C. 怠速状态　　　　D. 行驶状态

120. 检测车轮动平衡时，当平衡机主轴带动车轮旋转时，若车轮质量不平衡，将引起（　　）振动。

A. 被安装车轮主轴的一端　　　　　　B. 被安装车轮主轴的另一端

C. 主轴　　　　　　　　　　　　　　D. 前轴

121. 循环球式转向器中的转向螺母可以（　　）。

A. 转动　　　　　　B. 轴向移动　　　　C. A、B 均可　　　D. A、B 均不可

122. 若制动蹄变形、裂纹或不均匀磨损，则应（　　）。

A. 继续使用　　　　B. 更换新品　　　　C. 修复后使用　　　D. 换到其他车上继续使用

123. 装配空气压缩机时，组装好活塞连杆组，使活塞环开口相互错开（　　）。

A. 30°　　　　　　　B. 60°　　　　　　　C. 90°　　　　　　D. 180°

124. 变速器输出轴（　　）拧紧力矩为 100 N·m。

A. 螺钉　　　　　　B. 螺母　　　　　　C. 螺栓　　　　　　D. 任意轴

125. 自动变速器中间轴端隙用（　　）测量，用（　　）调整。

A. 游标卡尺，增垫　　　　　　　　　B. 螺旋测微器，减垫

C. 百分表，增减垫　　　　　　　　　D. 以上均正确

E. 无要求

126. 制动气室（　　）出现凹陷，可以用敲击法整形。

A. 内壁　　　　　　B. 外壳　　　　　　C. 弹簧　　　　　　D. 以上均正确

127. 离合器从动盘铆钉埋入深度不小于（　　）mm，超过极限值，应更换从动盘总成。

A. 0. 2　　　　　　　B. 0. 3　　　　　　　C. 0. 4　　　　　　D. 0. 6

128. 用内径表及外径千分尺进行测量，轮毂外轴承与轴颈的配合间隙应不大于（　　）mm。

A. 0. 02　　　　　　B. 0. 04　　　　　　C. 0. 06　　　　　　D. 0. 08

129. 万向节出现转动卡滞现象，应（　　）。

A. 只需更换万向节　　　　　　　　　B. 更换万向节总成

C. 更换钢球　　　　　　　　　　　　D. 更换球笼壳

130. 用平板制动试验台检验，驾驶人以（　　）km/h 的速度将车辆对正平板台并驶向平板。

A. 5 ~ 10　　　　　B. 10 ~ 15　　　　　C. 15 ~ 20　　　　D. 20 ~ 25

131. 转向传动机构的横、直拉杆的球头销按顺序装好后，要对其进行（　　）调整。

A. 侧隙　　　　　　B. 间隙　　　　　　C. 紧固　　　　　　D. 预紧度

132. 驱动桥的通气塞一般位于桥壳的（　　）。

A. 上部　　　　　　B. 下部　　　　　　C. 与桥壳平行　　　D. 后部

133. 相对密度是指温度为25℃时的值，环境温度每升高1℃则应（　　）0.0007。

A. 加上　　　　B. 减去　　　　C. 乘以　　　　D. 除以

134. 选择免维护蓄电池的原则，主要有按需选择、安全、（　　）三方面考虑。

A. 价格　　　　B. 性能　　　　C. 寿命　　　　D. 性价比

135. 检测蓄电池的相对密度，应使用（　　）检测。

A. 密度计　　　B. 电压表　　　C. 高率放电计　　D. 玻璃管

136. 给蓄电池充电，选择充电电流为蓄电池的额定容量的（　　）。

A. 1/5　　　　B. 1/10　　　　C. 1/15　　　　D. 1/25

137. 发电机"N"与"E"或"B"间的反向阻值应为（　　）。

A. $40 \sim 50\Omega$　　B. $65 \sim 80\Omega$　　C. $710k\Omega$　　D. $10\Omega$

138. 桑塔纳起动机"50"柱引出的导线接向（　　）。

A. 电池正极　　B. 电池负极　　C. 点火开关　　D. 中央接线板

139. 检查传动带松紧度，用 $30 \sim 50N$ 的力按下传动带，挠度应为（　　）。

A. $5 \sim 10mm$　　B. $10 \sim 15mm$　　C. $15 \sim 20mm$　　D. $20 \sim 25mm$

140. 实验中将小功率灯泡接于电路中，可以判断调节器的（　　）。

A. 功率　　　　B. 管压降　　　C. 搭铁形式　　　D. 调步频率

141. 静态检测方法即用万用表测量晶体管调节器各接柱之间的静态（　　）。

A. 电压　　　　B. 电流　　　　C. 电阻　　　　D. 电容

142. 接通电路，测量调节器大功率晶体管的管压降过低（小于0.6V），说明晶体管（　　）。

A. 短路　　　　B. 断路　　　　C. 搭铁　　　　D. 良好

143. GST-3U型万能试验台，主轴转速为（　　）。

A. 800r/min　　B. 1000r/min　　C. 3000r/min　　D. 200~2500r/min

144. 电刷磨损后的高度一般不小于（　　）。

A. 10mm　　　B. 15mm　　　C. 20mm　　　D. 25mm

145. 用万用表测量起动机接柱和绝缘电刷之间的电阻为无穷大，则说明（　　）存在断路故障。

A. 电枢绕组　　B. 磁场绕组　　C. 吸拉线圈　　D. 保持线圈

146. 做起动机空载试验时，若起动机装配过紧，则（　　）。

A. 电流高转速低　B. 转速高而电流低　C. 电流转速均高　D. 电流转速均低

147. 起动系统线路（　　）应不大于0.2V。

A. 电压　　　　B. 电压降　　　C. 电动势　　　D. 电阻

148. 试验起动系统时，试验时间（　　）。

A. 不宜过长　　B. 不宜过短　　C. 尽量长些　　D. 无要求

149. 起动机的起动控制线主要负责给起动机上的（　　）供电。

A. 电枢绕组　　B. 磁场绕组　　C. 电磁开关　　D. 继电器

150. 起动系统线路检测程序为（　　），依次选择各个节点进行。

A. 从后向前　　　　　　　　B. 从前向后

C. 从中间向前、向后　　　　D. 以上都可以

151. 汽车空调的主要功能是调节空气的（　　）。

A. 温度　　　　B. 湿度　　　　C. 洁净度　　　　D. 流速

152. 向车内提供新鲜空气和保持适宜气流的装置是（　　）。

A. 制冷装置　　B. 采暖装置　　C. 送风装置　　D. 净化装置

153. 废气水暖式加热系统属于（　　）。

A. 余热加热式　B. 独立热源加热式　C. 冷却水加热式　D. 火焰加热式

154. 检修空调所使用的压力表歧管总成，一共需要（　　）块压力表。

A. 1　　　　B. 2　　　　C. 3　　　　D. 4

155. 风量、温度、压力和清洁度是空调系统的（　　）参数。

A. 质量　　　B. 寿命　　　C. 功能　　　D. 诊断

156. 用于连接制冷装置低压侧接口与低压表下接口的软管颜色为（　　）。

A. 蓝色　　　B. 红色　　　C. 黄色　　　D. 绿色

157. 用塞尺检查电磁离合器四周边的空气间隙，应在（　　）范围内。

A. 0.1~0.5mm　B. 0.2~0.8mm　C. 0.4~0.8mm　D. 0.6~1mm

158. 在制冷剂装置的检漏方法中，检测灵敏度最高的是（　　）。

A. 肥皂水检漏法　　　　　　　B. 卤素灯检漏法

C. 电子检漏仪检漏法　　　　　D. 加压检漏法

159. 空调压缩机油与氟利昂 R12（　　）。

A. 溶解度较大　B. 溶解度较小　C. 完全溶解　D. 互不相溶

160. 制冷装置在拆卸调换部件时，在充注制冷剂之前必须（　　）。

A. 清洗　　　B. 加压　　　C. 抽空　　　D. 加油

| 得　分 | |
|---|---|
| 评分人 | |

**二、判断题**（第161题~第200题。请将判断结果填入括号中。正确的填"√"，错误的填"×"。每题0.5分，满分20分。）

161. （　　）爱岗敬业为人民服务和从业人员精神的具体体现，是社会主义职业道德一切基本规范的基础。

162. （　　）职业道德兼有强烈的纪律性。

163. （　　）团队意识含义包括规范意识和合作能力两个方面。

164. （　　）划线平板上允许锤敲各种物体，但要保持平板的清洁。

165. （　　）在车底下工作时，不要直接躺在地上，应尽量使用卧板。

166. （　　）汽车维修质量是维修企业的生命线。

167. （　　）《合同法》规定，当事人订立合同，应当具有相应的民事权利能力和民事义务能力。

168. （　　）全面质量管理概念最早是由法国的质量管理专家提出的。

169. （　　）柴油机运转均匀，无高速且排烟过少，其故障原因是油路中有空气。

170. （　　）柴油机起动困难，应从手油泵、燃油输送和压缩终了时的气缸压力温度等方面找原因。

171. （　　）对于发动机无法起动这类故障的诊断，首先应检测的是电动燃油泵。

172. （　　）燃油系统压力不稳定，可能造成发动机工作不稳。

173. （　　）汽车行驶时，声响随车速增大而增大，若声响混浊、沉闷而连续，说明传动轴万向节叉损坏。

174. （　　）在任何档位、任何车速下均有"咝、咝"声，且伴有过热现象，说明齿轮啮合间隙过小。

175. （　　）传动系各部件松动会导致出现前轮摆振故障。

176. （　　）汽车在不平的道路上行驶时发生前轮摆头，这是不平道路对前梁产生冲击进而使前轮绕主销角振动造成的。

177. （　　）转向桥或车架变形，左右轴距相差过大，正时齿轮故障与制动跑偏现象没有关系。

178. （　　）防抱死控制系统的警告灯持续点亮或感觉防抱死控制系统工作不正常，说明存在制动拖滞故障。

179. （　　）用手触摸制动鼓和轮毂轴承若发现过热，肯定是制动跑偏故障。

180. （　　）试灯法只能测试出照明灯的断路故障，不能测试出短路故障。

181. （　　）打开灯控开关，熔丝立即烧断，说明该照明电路中出现了断路故障。

182. （　　）闪光器损坏后会导致转向灯全不亮。

183. （　　）压缩机传动带轮转动，而压缩机轴不转，说明电磁离合器损坏。

184. （　　）凸轮轴轴颈磨损的圆柱度误差大于 0.025mm 时，应更换凸轮轴。

185. （　　）气缸体的裂纹漏水时，一般应予更换。

186. （　　）安装弹簧管式机油压力表时必须保证管口的密封，以防漏油。

187. （　　）用连杆检验仪检验连杆变形时，若三点规的 3 个测点都与检验平板接触，则说明连杆发生弯曲变形。

188. （　　）曲轴轴颈表面不允许有横向裂纹。

189. （　　）变速器拨叉端面磨损量应不大于 0.40mm。

190. （　　）壳体与行星齿轮、半轴齿轮垫片的接触面应光滑、无沟槽。

191. （　　）止推垫片应该涂润滑油。

192. （　　）制动鼓内径随着使用时间的增长逐渐减小。

193. （　　）变速器前、后壳体及后盖、侧盖间各密封衬垫在拆卸后，必须换用新件。

194. （　　）分动器的清洗和换油方法与变速器相同。

195. （　　）半轴套管中间两轴颈径向跳动量不得大于 0.05mm。变形超过规定时，可采用高温高压校正的方法。

196. （　　）手动变速器总成竣工验收时，进行无负荷和有负荷试验，第一轴转速为 1000 ~ 1400r/min。

197. （　　）轿车车身修复一般采用整形法，通过收缩整形、撑拉、垫撬复位、焊、铆、挖补、粘结、涂装等方法，从而达到恢复原有形状、尺寸、结构强度及外观质量的目的。

198. （　　）检测汽车的滑行性能时，使车辆以 3 ~ 5km/h 的车速沿台板上的指示线平稳前行，在行进过程中不得转动转向盘。

199. （　　）用万用表检测发电机各接线端子的电阻，若均符合规定，则说明该发电机不存在故障。

200. （　　）弹簧秤可测量起动机的最大转矩。

# 参 考 答 案

## 一、职业道德

(二) 单选题

1. C 　2. A 　3. C 　4. B 　5. D 　6. A 　7. B 　8. B 　9. D 　10. C
11. A 　12. D 　13. A 　14. C 　15. B 　16. C 　17. C 　18. A 　19. A 　20. C
21. B 　22. D 　23. B 　24. A 　25. D 　26. C 　27. B 　28. C 　29. C 　30. D

(三) 判断题

1. √ 　2. × 　3. √ 　4. √ 　5. √ 　6. × 　7. × 　8. √ 　9. × 　10. ×
11. √ 　12. √ 　13. √ 　14. √ 　15. √ 　16. × 　17. √ 　18. √ 　19. × 　20. ×
21. ×

## 二、汽车修理基础

(二) 单选题

1. D 　2. A 　3. D 　4. A 　5. B 　6. B 　7. D 　8. C 　9. A 　10. B
11. A 　12. A 　13. B 　14. B 　15. C 　16. A 　17. D 　18. D 　19. D 　20. D
21. A 　22. A 　23. D 　24. D 　25. C 　26. B 　27. A 　28. C 　29. C 　30. D
31. A 　32. A 　33. B

(三) 判断题

1. √ 　2. √ 　3. × 　4. × 　5. × 　6. × 　7. √ 　8. √ 　9. √ 　10. ×
11. × 　12. √ 　13. √ 　14. × 　15. √ 　16. √ 　17. × 　18. √ 　19. √ 　20. ×
21. √ 　22. √ 　23. √

## 三、汽车电源系统

(二) 单选题

1. B 　2. C 　3. B 　4. A 　5. B 　6. B 　7. C 　8. A 　9. B 　10. C
11. C 　12. A 　13. B 　14. B 　15 . A 　16. A 　17. C 　18. A 　19. C 　20. A
21. D 　22. C 　23. B 　24. D 　25. B 　26. B 　27. C 　28. C 　29. D 　30. B
31. C 　32. A

(三) 判断题

1. × 　2. × 　3. × 　4. × 　5. √ 　6. √ 　7. √ 　8. × 　9. √ 　10. √
11. × 　12. √

## 四、汽车起动系统

(二) 单选题

1. C 　2. B 　3. A 　4. B 　5. A 　6. B 　7. C 　8. B 　9. C 　10. D
11. B 　12. C 　13. A 　14. B 　15. D 　16. D 　17. C 　18. D 　19. C 　20. A
21. A 　22. B 　23. B 　24. A

(三) 判断题

1. ×    2. √    3. ×    4. √    5. √    6. ×    7. √    8. ×    9. √    10. √
11. √    12. ×

### 五、汽车照明信号系统

**(二) 单选题**

1. B    2. B    3. B    4. A    5. A    6. B    7. C    8. A    9. C    10. B
11. D    12. B    13. C    14. B    15. C    16. A    17. D    18. A    19. B    20. C
21. C    22. B

**(三) 判断题**

1. √    2. ×    3. ×    4. √    5. √    6. ×    7. √    8. ×

### 六、汽车辅助系统

**(二) 单选题**

1. C    2. D    3. C    4. B    5. B    6. C    7. B    8. B    9. B    10. A
11. D    12. D    13. D    14. A    15. A    16. C    17. A    18. B    19. B    20. C
21. C    22. C    23. D    24. D    25. C    26. B    27. A    28. D    29. D    30. C
31. B    32. C    33. C    34. D    35. C    36. D    37. C    38. A    39. B    40. B
41. D    42. B    43. B    44. B    45. A    46. C    47. C    48. D    49. C    50. D
51. C    52. B    53. D    54. D    55. D    56. C    57. C    58. B    59. A    60. B
61. B    62. A    63. C    64. C    65. A    66. B    67. B    68. D    69. C    70. C

**(三) 判断题**

1. ×    2. √    3. √    4. √    5. √    6. ×    7. √    8. ×    9. √    10. ×
11. √    12. √    13. √    14. ×    15. ×    16. ×    17. ×    18. √    19. √    20. ×
21. √    22. √    23. ×    24. ×    25. √    26. ×    27. ×    28. √

### 七、汽车电控发动机系统

**(二) 单选题**

1. A    2. A    3. A    4. B    5. C    6. B    7. C    8. A    9. A
10. A    11. C    12. A    13. B    14. B    15. B    16. D    17. A    18. D
19. B    20. A    21. C    22. B    23. A    24. B    25. C    26. A    27. A
28. A    29. A    30. D    31. B    32. C    33. C    34. C    35. A    36. B
37. B    38. D    39. B    40. A    41. B    42. A    43. B    44. C    45. B
46. C    47. B    48. A    49. D    50. D    51. B    52. A    53. A    54. A
55. C    56. C    57. C    58. B    59. A    60. A    61. B    62. D    63. D
64. A    65. C    66. C    67. A    68. D    69. C    70. D    71. B    72. B
73. B    74. B    75. A    76. A    77. C    78. A    79. A    80. C    81. A
82. B    83. B    84. B    85. C    86. C    87. B    88. C    89. A    90. B
91. B    92. A    93. D    94. A    95. C    96. A    97. A    98. A    99. C
100. B    101. B    102. A    103. A    104. B    105. C    106. B    107. B    108. C
109. B    110. A    111. B    112. C    113. C    114. B    115. A    116. B    117. B
118. B    119. C    120. A    121. C    122. C    123. A    124. A    125. C    126. B
127. A    128. D    129. B    130. A    131. B    132. C    133. D    134. B    135. A

136. C    137. B    138. B    139. D    140. A    141. D    142. B    143. C    144. D
145. A    146. B    147. B    148. B    149. C    150. A    151. D    152. B    153. B
154. D    155. A    156. A    157. C    158. C    159. B    160. A    161. B    162. A
163. B    164. A    165. A    166. C    167. D    168. A    169. B    170. C    171. D
172. A    173. A    174. A    175. B    176. A    177. A    178. A    179. C

（三）判断题

1. √    2. √    3. ×    4. √    5. √    6. √    7. ×    8. ×    9. ×    10. √
11. √    12. ×    13. ×    14. √    15. √    16. ×    17. √    18. √    19. √    20. ×
21. √    22. ×    23. √    24. √    25. √    26. √    27. ×    28. ×    29. √    30. ×
31. ×    32. ×    33. √    34. √    35. √    36. √    37. √    38. √    39. √    40. √
41. √    42. √    43. ×    44. √    45. √    46. ×    47. √    48. √    49. √    50. √
51. ×    52. √    53. √    54. √    55. ×    56. ×    57. ×    58. √    59. √    60. ×
61. ×    62. √    63. √    64. √    65. √

八、汽车底盘系统

（二）单选题

1. A    2. C    3. D    4. C    5. C    6. A    7. D    8. D    9. A
10. D    11. C    12. D    13. D    14. C    15. A    16. B    17. B    18. C
19. B    20. A    21. A    22. D    23. D    24. C    25. B    26. B    27. B
28. A    29. B    30. B    31. D    32. B    33. C    34. B    35. A    36. C
37. B    38. A    39. C    40. A    41. C    42. B    43. B    44. D    45. B
46. B    47. A    48. C    49. D    50. B    51. A    52. A    53. D    54. B
55. B    56. C    57. C    58. A    59. D    60. B    61. A    62. B    63. A
64. B    65. C    66. B    67. C    68. D    69. A    70. B    71. C    72. C
73. A    74. A    75. B    76. B    77. A    78. A    79. B    80. C    81. B
82. B    83. C    84. B    85. A    86. C    87. B    88. C    89. A    90. B
91. A    92. D    93. C    94. D    95. C    96. B    97. C    98. C    99. B
100. D    101. D    102. B    103. D    104. A    105. A    106. D    107. D    108. A
109. C    110. A    111. C    112. B    113. B    114. A    115. A    116. A    117. A
118. A    119. B    120. C    121. A    122. C    123. A    124. C    125. D    126. A
127. A    128. B    129. B    130. C    131. A    132. A    133. D    134. C    135. B
136. C    137. C    138. B    139. C    140. B    141. A    142. B    143. A    144. C

（三）判断题

1. √    2. ×    3. √    4. ×    5. ×    6. ×    7. √    8. √    9. √    10. √
11. √    12. √    13. √    14. ×    15. ×    16. ×    17. √    18. √    19. ×    20. √
21. ×    22. √    23. √    24. √    25. √    26. ×    27. √    28. √    29. √    30. √
31. ×    32. ×    33. ×    34. ×    35. ×    36. √    37. √    38. √    39. √    40. √
41. √    42. √    43. ×    44. √    45. √    46. √    47. √    48. √    49. √    50. √
51. ×    52. ×    53. √    54. ×    55. √    56. √    57. ×    58. √    59. ×    60. √
61. √    62. √    63. ×    64. ×    65. √    66. ×    67. √    68. ×    69. √    70. ×

71. ×　72. ×　73. √　74. ×　75. √　76. √　77. ×　78. ×　79. √　80. ×
81. √

## 模拟考试（一）参考答案

### 一、单选题

1. B　2. A　3. D　4. A　5. C　6. C　7. D　8. B　9. C　10. C
11. B　12. A　13. C　14. C　15. B　16. A　17. A　18. C　19. A　20. B
21. A　22. A　23. D　24. C　25. B　26. C　27. B　28. B　29. C　30. B
31. A　32. A　33. A　34. D　35. A　36. A　37. B　38. D　39. C　40. A
41. C　42. B　43. C　44. B　45. B　46. B　47. A　48. A　49. A　50. B
51. C　52. C　53. C　54. D　55. A　56. A　57. C　58. D　59. A　60. C
61. B　62. D　63. A　64. D　65. D　66. B　67. D　68. D　69. B　70. C
71. C　72. B　73. A　74. B　75. A　76. A　77. D　78. B　79. B　80. D
81. A　82. D　83. A　84. C　85. B　86. A　87. B　88. C　89. B　90. B
91. B　92. A　93. A　94. A　95. D　96. B　97. B　98. C　99. B　100. B
101. C　102. B　103. C　104. C　105. B　106. A　107. C　108. C　109. B　110. B
111. A　112. A　113. A　114. A　115. C　116. A　117. A　118. A　119. A　120. B
121. A　122. A　123. B　124. A　125. B　126. A　127. C　128. B　129. B　130. B
131. B　132. C　133. C　134. C　135. B　136. D　137. B　138. C　139. A　140. D
141. D　142. C　143. B　144. A　145. B　146. C　147. C　148. B　149. A　150. A
151. C　152. B　153. B　154. C　155. B　156. B　157. C　158. C　159. A　160. C

### 二、判断题

161. ×　162. ×　163. ×　164. √　165. ×　166. √　167. ×　168. ×　169. √
170. √　171. √　172. √　173. ×　174. ×　175. ×　176. ×　177. √　178. √
179. √　180. √　181. √　182. ×　183. ×　184. √　185. √　186. √　187. ×
188. √　189. ×　190. ×　191. ×　192. √　193. √　194. √　195. ×　196. ×
197. √　198. √　199. ×　200. ×

## 模拟考试（二）参考答案

### 一、单选题

1. A　2. D　3. D　4. C　5. B　6. D　7. B　8. C　9. A　10. D
11. D　12. D　13. B　14. A　15. B　16. A　17. C　18. A　19. D　20. B
21. D　22. A　23. C　24. C　25. B　26. B　27. C　28. B　29. A　30. C
31. A　32. B　33. A　34. B　35. D　36. C　37. A　38. D　39. C　40. B
41. C　42. B　43. B　44. B　45. A　46. B　47. B　48. C　49. A　50. A
51. D　52. B　53. D　54. A　55. C　56. A　57. D　58. A　59. B　60. B

61. B    62. A    63. B    64. A    65. D    66. A    67. B    68. B    69. B    70. C
71. C    72. C    73. B    74. A    75. C    76. A    77. D    78. D    79. D    80. A
81. C    82. A    83. B    84. B    85. C    86. D    87. C    88. B    89. A    90. A
91. D    92. C    93. A    94. A    95. A    96. D    97. B    98. B    99. C    100. B
101. B    102. D    103. C    104. C    105. C    106. C    107. A    108. D    109. A    110. C
111. C    112. B    113. B    114. A    115. B    116. C    117. B    118. D    119. A    120. B
121. A    122. B    123. D    124. B    125. C    126. B    127. B    128. B    129. B    130. A
131. D    132. A    133. B    134. D    135. A    136. B    137. C    138. D    139. B    140. C
141. C    142. A    143. D    144. A    145. B    146. A    147. B    148. A    149. C    150. D
151. A    152. C    153. A    154. B    155. D    156. A    157. C    158. C    159. C    160. C

二、判断题

161. ×    162. √    163. ×    164. ×    165. √    166. √    167. √    168. ×    169. √
170. ×    171. ×    172. √    173. ×    174. ×    175. √    176. √    177. ×    178. ×
179. ×    180. ×    181. ×    182. √    183. √    184. ×    185. √    186. √    187. ×
188. √    189. √    190. √    191. √    192. ×    193. √    194. √    195. ×    196. √
197. √    198. √    199. ×    200. √

# 参 考 文 献

［1］杨华春．汽车电气设备构造维修一体化教材［M］.广州：广东科技出版社，2015.
［2］李文雄．汽车电气维修理实一体化教材［M］.北京：机械工业出版社，2016.
［3］付百学．汽车电控技术［M］.北京：机械工业出版社，2016.